Adobe Illustrator CC
图形设计与制作
案例技能实训教程

汪可　许歆云　主编

清华大学出版社

北京

内容简介

本书以实操案例为单元，以知识详解为线索，从Illustrator最基本的应用讲起，全面细致地对平面作品的创作方法和设计技巧进行了介绍。全书共10章，实操案例包括茶馆标志设计、甜品店单页设计、扁平化插画设计、西餐厅招贴设计、环境保护宣传海报、名片设计、杂志内页设计、饼干包装盒设计、手提袋设计、登录网页设计等。理论知识涉及文档操作详解、绘图操作详解、路径详解、编辑矢量图形详解、对象编辑详解、填充与描边详解、文字详解、效果详解、外观与样式详解，以及文档输出详解等，每章最后还安排了有针对性的项目练习，以供读者练习。

全书结构合理，用语通俗，图文并茂，易教易学，既适合作为高职高专院校和应用型本科院校计算机、多媒体及平面设计相关专业的教材，又适合作为广大插画设计爱好者和各类技术人员的参考书。

图书在版编目（CIP）数据

Adobe Illustrator CC图形设计与制作案例技能实训教程 / 汪可，许歆云主编. —北京：清华大学出版社，2021.11（2025.1 重印）

ISBN 978-7-302-59306-5

Ⅰ.①A… Ⅱ.①汪… ②许… Ⅲ.①图形软件 Ⅳ.①TP391.412

中国版本图书馆CIP数据核字（2021）第200875号

责任编辑：李玉茹
封面设计：李　坤
责任校对：鲁海涛
责任印制：刘　菲
出版发行：清华大学出版社
　　　　　网　　　址：https://www.tup.com.cn, https://www.wqxuetang.com
　　　　　地　　　址：北京清华大学学研大厦A座　　　　　邮　　编：100084
　　　　　社 总 机：010-83470000　　　　　　　　　　邮　　购：010-62786544
　　　　　投稿与读者服务：010-62776969, c-service@tup.tsinghua.edu.cn
　　　　　质 量 反 馈：010-62772015, zhiliang@tup.tsinghua.edu.cn
印 装 者：小森印刷（北京）有限公司
经　　销：全国新华书店
开　　本：170mm×240mm　　　印　　张：16.5　　　字　　数：316千字
版　　次：2022年1月第1版　　　印　　次：2025年1月第4次印刷
定　　价：79.00元

产品编号：089701-01

前　言

Illustrator软件是Adobe公司旗下功能非常强大的一款矢量图形处理软件，主要用于印刷出版、排版、海报、专业插画、多媒体图像处理和互联网页面的制作等，在平面设计、出版、多媒体等领域应用广泛，操作方便、易上手，深受广大设计爱好者与专业人员喜爱。为了满足新形势下的教育需求，我们组织了一批富有经验的设计师和高校教师，共同策划编写了本书，以让读者能够更好地掌握作品的设计技能，更好地提升动手能力，更好地与社会相关行业接轨。

本书内容

本书以实操案例为单元，以知识详解为线索，先后对各类型平面作品的设计方法、操作技巧、理论支撑、知识阐述等内容进行了介绍，全书分为10章，各章主要内容如下。

章　节	作品名称	知识体系
第1章	茶馆标志设计	主要讲解新建、打开、存储文件，创建与编辑画板、文档的显示、辅助工具的应用等
第2章	甜品店单页设计	主要讲解线型绘图工具、图形绘图工具以及选择工具等
第3章	扁平化插画设计	主要讲解钢笔工具组、画笔工具、铅笔工具组、斑点画笔工具、橡皮擦工具组、符号工具和图表工具的应用等
第4章	西餐厅招贴设计	主要讲解对象的变换、编辑路径对象等
第5章	环境保护宣传海报	主要讲解对象变形工具、混合工具、透视图工具以及对象的管理等
第6章	名片设计	主要讲解填充与描边、"颜色"面板、"色板"面板以及"渐变"面板等
第7章	杂志内页设计	主要讲解创建文字的方法、"字符"面板、"段落"面板以及文字的编辑和处理等
第8章	饼干包装盒设计	主要讲解3D效果组、扭曲和变换效果组、路径效果组、转换为形状效果组以及风格化效果组的应用等
第9章	手提袋设计	主要讲解"透明度"面板、"外观"面板以及"图形样式"面板等
第10章	登录网页设计	主要讲解Illustrator文件的导出与打印、打印的相关知识、Web文件的创建以及PDF文件的创建等

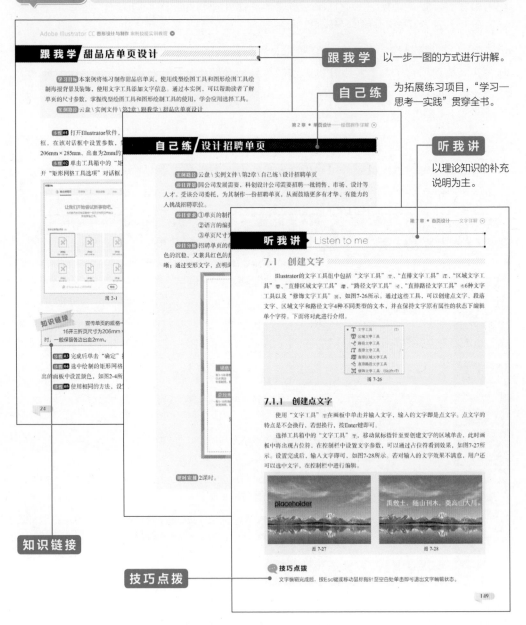

跟 我 学 以一步一图的方式进行讲解。

自 己 练 为拓展练习项目，"学习—思考—实践"贯穿全书。

听 我 讲 以理论知识的补充说明为主。

知识链接

技巧点拨

课时安排

　　本书结构合理、讲解细致、特色鲜明，内容着眼于专业性和实用性，符合读者的认知规律，也更侧重于综合职业能力与职业素养的培养，集"教、学、练"为一体。本书的参考学时为60课时，其中理论学习20学时，实训40学时。

配套资源

- 所有"跟我学"案例的素材及最终文件。
- 书中拓展练习"自己练"案例的素材及效果文件。
- 案例操作视频，扫描书中二维码即可观看。
- 平面设计软件常用快捷键速查表。
- 常见配色知识电子手册。
- 全书各章PPT课件。

　　本书由汪可、许歆云编写，编者在长期的工作中积累了大量的经验，在写作的过程中始终坚持严谨、细致的态度，力求精益求精。由于时间有限，书中疏漏之处在所难免，希望读者朋友批评、指正。

编　者

扫 描 二 维 码 获 取 配 套 资 源

目录

▶▶▶自己练

第 **3** 章

插画设计——路径详解

▶▶▶跟我学

▶▶▶听我讲

▶▶▶ 自己练

第 **4** 章

招贴设计——编辑矢量图形详解

▶▶▶ 跟我学

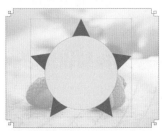

▶▶▶ 听我讲

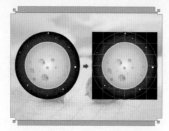

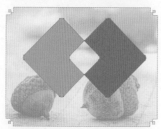

▶▶▶ 自己练

第 **5** 章

宣传海报设计——对象编辑详解

▶▶▶ 跟我学

▶▶▶ 听我讲

▶▶▶ 自己练

第 **6** 章

名片设计——填充与描边详解

▶▶▶ 跟我学

▶▶▶ 听我讲

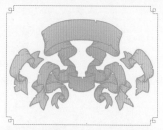

第7章
首页设计——文字详解

第8章
包装设计——效果详解

第 **9** 章

手提袋设计——外观与样式详解

▶▶▶ 自己练

第 10 章
网页设计——文档输出详解

▶▶▶ 跟我学

▶▶▶ 听我讲

▶▶▶ 自己练

Illustrator

Illustrator

第 1 章

标志设计
——文档操作详解

本章概述

本章将针对文档的创建与使用、文档的操作等进行介绍。通过本章的学习，可以帮助读者学会如何新建文档、打开文档、存储文档，了解画板的创建与编辑方法，掌握辅助工具的应用。

要点难点

- 文档的创建与使用 ★☆☆
- 画板的创建与编辑 ★★☆
- 文档显示比例的调整 ★☆☆
- 辅助工具的应用 ★☆☆

跟我学 茶馆标志设计 //////////////////////////

学习目标 本实例将练习设计茶馆标志，使用绘图工具和置入的素材对象制作标志，使用文字工具输入公司名称。通过本实例，可以帮助读者了解新建文件的步骤，初步学会置入并处理素材文件，熟悉存储文件的步骤。

案例路径 云盘\实例文件\第1章\跟我学\茶馆标志设计

步骤 01 打开Illustrator软件，执行"文件"|"新建"命令，打开"新建文档"对话框，在该对话框中设置参数，如图1-1所示。完成后单击"创建"按钮，新建一个800px×800px的文档。

步骤 02 选择工具箱中的"直线段工具"，在画板中的合适位置按住鼠标左键拖动，绘制直线，在控制栏中设置线段颜色为棕色，"粗细"为4pt，单击"描边"按钮，在弹出的面板中设置端点为"圆头端点"，效果如图1-2所示。

图 1-1

图 1-2

步骤 03 选中绘制的直线，按住Alt键向下拖动复制，如图1-3所示。

步骤 04 使用相同的方法，继续按住Alt键向下拖动复制，间隙稍微大一点，如图1-4所示。

图 1-3   图 1-4

步骤05 按Ctrl+D组合键重复上一步操作，再次复制，重复多次，效果如图1-5所示。

步骤06 按C键切换至"剪刀工具" ✂，在线段上的合适位置单击，打断路径，如图1-6所示。

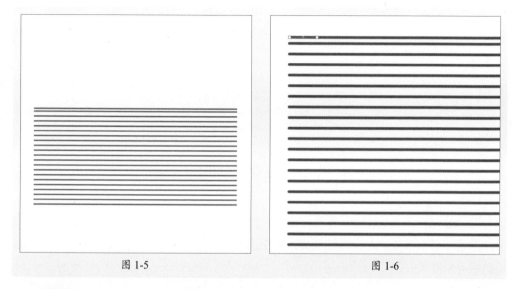

图 1-5   图 1-6

步骤07 使用相同的方法，打断路径，如图1-7所示。

步骤08 使用"选择工具" ▶ 选中并删除多余的路径，制作出茶壶的效果，如图1-8所示。

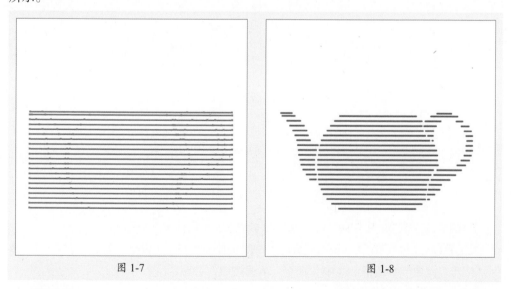

图 1-7   图 1-8

步骤09 执行"文件"｜"置入"命令，或按Shift+Ctrl+P组合键，打开"置入"对话框，选择本章素材文件，取消选中"链接"复选框，如图1-9所示。

步骤10 单击"置入"按钮，置入素材，调整至合适大小，如图1-10所示。

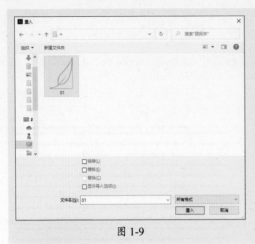

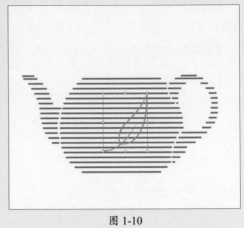

图 1-9   图 1-10

步骤 11 选中置入的素材，单击控制栏中的"图像描摹"按钮，描摹图像，如图1-11所示。

步骤 12 选中描摹的图像，单击控制栏中的"扩展"按钮，扩展描摹图像。选中扩展后的图像，右击鼠标，在弹出的快捷菜单中选择"取消编组"命令，如图1-12所示。取消扩展对象编组。

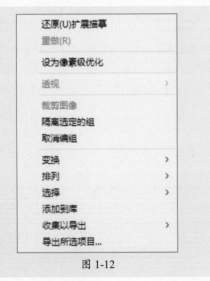

图 1-11   图 1-12

步骤 13 选中多余的白色部分，按Delete键删除，如图1-13所示。

步骤 14 选中叶子部分，右击鼠标，在弹出的快捷菜单中选择"变换"|"对称"命令，打开"镜像"对话框，选中"垂直"单选按钮，如图1-14所示。

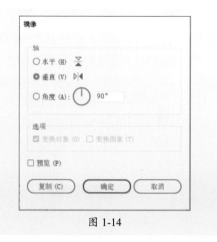

图 1-13   图 1-14

步骤 **15** 单击"复制"按钮，镜像并复制叶子，如图1-15所示。

步骤 **16** 选中复制的叶子图形，调整至合适大小与位置，如图1-16所示。

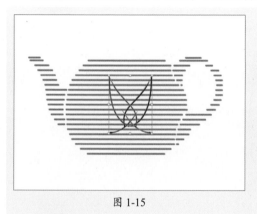

图 1-15   图 1-16

步骤 **17** 选中两片叶子图形，执行"窗口"│"路径查找器"命令，在打开的"路径查找器"面板中单击"联集"按钮 ，合并图形，如图1-17所示。

步骤 **18** 使用"直接选择工具" 调整路径，效果如图1-18所示。

图 1-17   图 1-18

步骤19 选中叶子，执行"窗口"|"渐变"命令，打开"渐变"面板，单击"渐变"按钮▇，启用渐变效果，如图1-19所示。

步骤20 双击"渐变滑块"🔖 设置颜色，如图1-20所示。

图 1-19

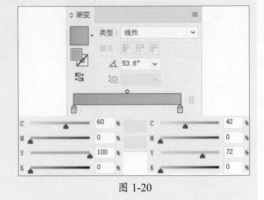
图 1-20

知识链接 双击"渐变滑块"🔖后将弹出面板，在弹出的面板中即可设置颜色。若弹出的面板只有黑白两色，可以单击菜单按钮☰，在弹出的下拉菜单中选择"CMYK模式"命令，即可设置更多颜色。

步骤21 选中叶子图形，按Ctrl+F组合键贴在前面。执行"对象"|"路径"|"偏移路径"命令，在弹出的"偏移路径"对话框中设置参数，如图1-21所示。

步骤22 完成后单击"确定"按钮，设置路径偏移，如图1-22所示。

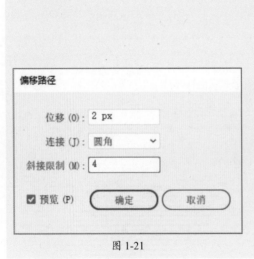
图 1-21

图 1-22

步骤23 选中茶壶线条，执行"对象"|"路径"|"轮廓化描边"命令，将线条转换为轮廓，如图1-23所示。按Ctrl+G组合键编组。

步骤 **24** 选中茶壶编组对象与偏移后的叶子图形，单击"路径查找器"面板中的"分割"按钮▣，分割图形并删除多余部分，如图1-24所示。

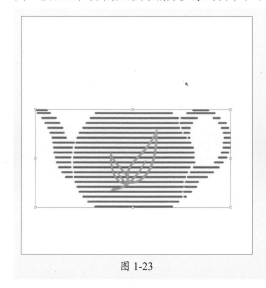

图 1-23

图 1-24

步骤 **25** 使用"钢笔工具"✐在画板中的合适位置绘制闭合路径，并填充渐变，如图1-25所示。

步骤 **26** 使用"钢笔工具"✐在画板中的合适位置绘制路径，在控制栏中设置路径参数，如图1-26所示。

图 1-25

图 1-26

步骤 **27** 选中新绘制的开放路径，执行"对象"|"路径"|"轮廓化描边"命令，将线条转换为轮廓，如图1-27所示。

步骤 **28** 分别选中顶部的开放路径和闭合路径，单击"路径查找器"面板中的"减去顶层"按钮▣，制作镂空效果，如图1-28所示。

图 1-27

图 1-28

步骤29 使用"文字工具" T 在茶壶线条底部单击并输入文字，在控制栏中设置文字属性，如图1-29所示。

步骤30 选中输入的文字，右击鼠标，在弹出的快捷菜单中选择"创建轮廓"命令，或按Shift+Ctrl+O组合键，将文字转换成轮廓，如图1-30所示。

图 1-29

图 1-30

步骤31 选中文字轮廓，在"渐变"面板中单击"渐变"按钮 ▧，启用渐变，并设置渐变类型为"径向"，如图1-31所示。

步骤32 设置完成后效果如图1-32所示。

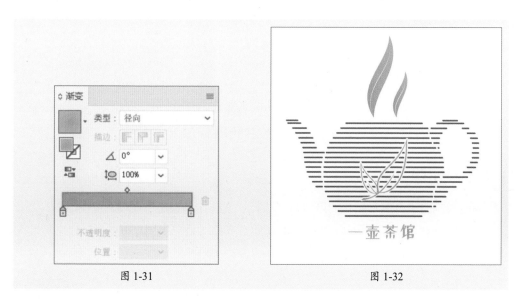

图 1-31   图 1-32

步骤 33 执行"文件"|"存储"命令可以存储文件。至此，完成茶馆标志设计。

听我讲 > Listen to me

1.1 文档的创建与使用

在Illustrator软件中设计图形时，需要先新建文档，才可以在文档中制作作品，制作完成后再将其保存。下面将针对文档的创建与使用进行介绍。

1.1.1 新建文档

新建文档是进行图形制作的第一步。执行"文件"|"新建"命令，或按Ctrl+N组合键，打开"新建文档"对话框，如图1-33所示。在该对话框中用户可以对新建文件的大小、画板数量、出血等参数进行设置。

图 1-33

"新建文档"对话框中常用参数的作用如下。

- **文档预设**：用于选择合适的文档预设新建文档。
- **宽度和高度**：用于自定义文档尺寸。
- **方向**：用于定义画板方向。
- **画板**：用于设置文档中的画板数。
- **出血**：图稿落在印刷边框打印定界框外的或位于裁切标记和裁切标记外的部分。
- **颜色模式**：指定新文档的颜色模式，CMYK模式适用于打印的文档，RGB模式适用于数字化浏览。
- **光栅效果**：设置文档中栅格效果的分辨率。准备以较高分辨率输出到高端打印机时，需要将此选项设置为"高"。
- **预览模式**：为文档设置默认预览模式。

知识链接

单击"高级选项"下拉按钮，可以对新建文档的颜色模式、光栅效果、预览模式等参数进行设置，如图1-34所示为展开的高级选项。

图 1-34

- 颜色模式：指定新文档的颜色模式，用于打印的文档需要设置为CMYK，而用于数字化浏览的则通常使用RGB模式。
- 光栅效果：为新建文档设置分辨率。准备以较高分辨率输出到高端打印机时，将此选项设置为"高"尤为重要。
- 预览模式：为文档设置默认预览模式。

如果要创建一系列具有相同外观属性的对象，可以通过"从模板新建"命令来新建文档。执行"文件"|"从模板新建"命令或按Ctrl+Shift+N组合键，即可打开"从模板新建"对话框，如图1-35所示。选择新建文档的模板，单击"确定"按钮，即可实现从模板新建文档。

图 1-35

1.1.2 打开文档

在Illustrator中可以修改和处理已经存在的文档。执行"文件"|"打开"命令或按Ctrl+O组合键，在弹出的"打开"对话框中，选中要打开的文件，单击"打开"按钮，如图1-36所示，即可打开文件，如图1-37所示。

图 1-36   图 1-37

1.1.3   存储文件

执行"文件"|"存储"命令可以存储文件。执行"文件"|"存储为"命令，可以对存储的位置、文件的名称、存储的类型等重新进行设置。在首次对文件进行存储以及使用"存储为"命令时，将打开"存储为"对话框。

在"存储为"对话框中，可以在"文件名"下拉列表框中输入保存的文件名称，还可以在"保存类型"下拉列表框中选择文件格式，设置完合适的路径、名称、格式后，单击"保存"按钮，如图1-38所示，将打开"Illustrator选项"对话框，如图1-39所示。在该对话框中可以对文件存储的版本、选项、透明度等参数进行设置。设置完成后单击"确定"按钮，完成文件存储操作。

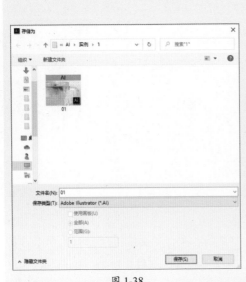

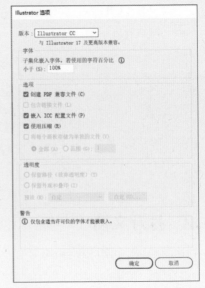

图 1-38   图 1-39

"Illustrator选项"对话框中的部分选项作用如下。

- **版本**：指定希望文件兼容的Illustrator版本。需要注意的是，旧版格式不支持当前版本 Illustrator 中的所有功能。
- **创建PDF兼容文件**：选中该复选框后，将在Illustrator文件中存储文档的PDF演示。
- **使用压缩**：选中该复选框后，将在Illustrator文件中压缩PDF数据。
- **透明度**：确定当选择早于9.0版本的Illustrator格式时，如何处理透明对象。

知识链接

执行"文件"|"置入"命令，打开"置入"对话框，如图1-40所示，选中需要置入的素材文件，单击"置入"按钮，当鼠标指针在Illustrator界面中变为 形状时，单击鼠标左键即可将文件置入，如图1-41所示。用户也可按住鼠标左键拖动控制置入文件的大小，释放鼠标左键完成置入。

图 1-40

图 1-41

在置入素材文件时，用户可以根据需要选择是链接文件还是嵌入文件。以"链接"形式置入是指置入的内容本身不在Illustrator文件中，只是通过链接在Illustrator文件中显示，修改原文件后，Illustrator软件会提示更新图片。"嵌入"是指将图片包含在文件中，就是和这个文件的全部内容存储到一起，作为一个完整的文件，因此，嵌入图片过多时，文件大小也会随之增加。

1.2 图像文档的操作

制作Illustrator作品基本都是在图像文档中进行的。本小节将针对软件中文档的相关操作进行介绍，包括创建与编辑画板、调整文档显示比例、设置文档显示方式等。

1.2.1 创建与编辑画板

"画板"是指界面中的白色区域，一个文档中可以创建多个画板，如图1-42所示。

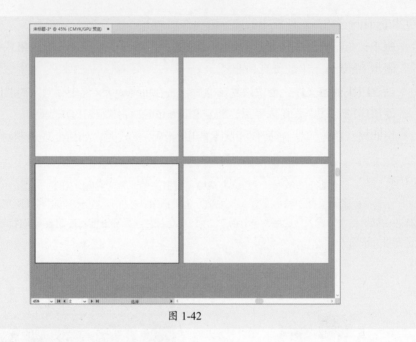

图 1-42

　　用户可以使用"画板工具" 📥 调整画板。"画板工具" 📥 不仅可以调整画板的大小和位置，还可以创建任意大小的画板。

1. 修改画板大小

　　打开文档，单击工具箱中的"画板工具" 📥 或者按Shift+O组合键，即可切换至画笔工具，此时画板的边缘变为画板的定界框，如图1-43所示。若要更改画板的大小，拖动定界框的控制点即可，如图1-44所示。

图 1-43

图 1-44

2. 移动画板

　　将鼠标指针移动到画板中，待指针变为 ✛ 形状时，按住鼠标左键拖动即可移动画板的位置，如图1-45所示。

3. 新建画板

在文档内添加画板的方法非常灵活。选择"画板工具" ，按住鼠标左键拖动即可添加一个新的画板；单击控制栏中的"新建画板" 按钮，也可新建与原画板等大的画板，如图1-46所示。

图 1-45

图 1-46

4. 复制与删除画板

选中"画板工具" ，单击控制栏中的"移动/复制带画板的图稿" 按钮，按住Alt键拖动画板，在合适位置释放鼠标，即可同时复制画板和内容，如图1-47所示。

图 1-47

若需删除画板，选中"画板工具" ，单击选中画板后按Delete键或单击控制栏中的"删除画板" 按钮，即可删除画板，如图1-48所示。

15

图 1-48

1.2.2 调整文档显示比例

绘图时，用户可以通过"缩放工具" Q 和"抓手工具" 🖑 两个视图浏览工具来控制图形的整体和局部效果。下面将对这两种工具进行介绍。

1. 缩放工具

使用"缩放工具" Q 可以改变视图的显示比例。单击工具箱中的"缩放工具" Q 按钮，移动鼠标指针至文档窗口中，此时指针变为一个中心带有加号的形状 ⊕，在画面中单击即可放大视图显示比例，如图1-49所示。按住Alt键，指针会变为中心带有减号的形状 ⊖，单击要缩小的区域的中心，即可缩小视图显示比例，如图1-50所示。

图 1-49   图 1-50

若要放大或缩小画面中的某个区域，使用"缩放工具"在需要放大或缩小的区域拖动即可，如图1-51和图1-52所示。

图 1-51   图 1-52

2. 抓手工具

　　当图像放大到屏幕不能完整显示时，可以使用"抓手工具" 在不同的可视区域中进行拖动以便于浏览，如图1-53所示。选择工具箱中的"抓手工具" ，按住鼠标左键在绘图区拖动，移动至所需观察的图像区域即可，如图1-54所示。

图 1-53   图 1-54

知识链接

　　在Illustrator界面中，使用其他工具时，按住Space（空格）键，可快速地切换到"抓手工具" 状态；松开Space键，会自动切换回之前使用的工具。

1.2.3　设置文档的显示方式

　　当在软件中打开过多的文档时，用户可以选择合适的文档排列方式，使操作更便捷。执行"窗口"|"排列"命令，在打开的子菜单中即可选择一个合适的排列方式，如图1-55所示。

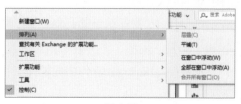

图 1-55

不同排列方式的作用如下。

- **层叠：** 当选择"层叠"方式排列时，所有打开的文档从屏幕的左上角到右下角以堆叠和层叠的方式显示，如图1-56所示。
- **平铺：** 当选择"平铺"方式进行排列时，窗口会自动调整大小，并以平铺的方式填满可用的空间，如图1-57所示。
- **在窗口中浮动：** 当选择"在窗口中浮动"方式排列时，图像可以自由浮动，并且可以任意拖曳标题栏来移动窗口，如图1-58所示。

图 1-56　　　　　　　　图 1-57　　　　　　　　图 1-58

知识链接　Illustrator提供了多种排列文档的方式以方便不同文件类型的排列，在菜单栏中单击"排列文档" ▦ ⌄ 按钮，在弹出的下拉列表中单击不同的按钮，可快速地以不同的配置方式排列已打开的文档。如图1-59所示为"排列文档"下拉列表。单击"四联"按钮，效果如图1-60所示。

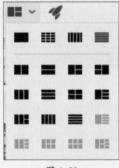 

图 1-59　　　　　　　　　　　图 1-60

1.2.4　调用辅助工具

辅助工具可以帮助用户更方便地进行制作，使整个操作过程更加简单轻松。Illustrator中提供了标尺、网格、参考线等多种辅助工具，这些辅助工具在输出打印时是不可见的。下面将针对Illustrator软件中的辅助工具进行介绍。

1. 标尺

标尺可以帮助用户度量和定位插图窗口或画板中的对象，使用标尺可以让图稿的绘制更加精准。

　　执行 "视图" | "标尺" | "显示标尺" 命令或按Ctrl+R组合键，即可在窗口的顶部和左侧显示标尺，如图1-61所示。执行 "视图" | "标尺" | "隐藏标尺" 命令或再次按Ctrl+R组合键，可以隐藏标尺。在标尺上方右击鼠标可以设置标尺单位，如图1-62所示。

图 1-61

图 1-62

知识链接

　　在每个标尺上显示 "0" 的位置称为标尺原点，默认标尺原点位于窗口的左上角。移动鼠标指针至原点上，拖动至所需的新标尺原点处，即可调整标尺原点。当进行拖动时，窗口和标尺中的十字线会指示不断变化的全局标尺原点。双击左上角标尺相交处即可恢复默认的标尺原点。

2. 参考线

　　使用参考线可以精确对齐窗口中的对象，参考线依附于标尺存在。按Ctrl+R组合键显示标尺，移动鼠标指针至标尺上，按住鼠标左键向绘图界面中拖动，会出现一条灰色的虚线，如图1-63所示。拖动至相应位置后释放鼠标即可建立一条参考线，默认情况下参考线为蓝色，如图1-64所示。

图 1-63

图 1-64

执行"视图"｜"参考线"命令，在弹出的子菜单中可以选择命令进行相应的操作，如图1-65所示。

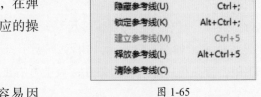

隐藏参考线(U)	Ctrl+;
锁定参考线(K)	Alt+Ctrl+;
建立参考线(M)	Ctrl+5
释放参考线(L)	Alt+Ctrl+5
清除参考线(C)	

部分常用操作作用如下。

图 1-65

● **锁定参考线**：参考线非常容易因为错误操作而导致位置发生变化，执行"视图"｜"参考线"｜"锁定参考线"命令，即可将当前的参考线锁定。此时可以创建新的参考线，但是不能移动和删除相应的参考线。再次执行该命令，可以将参考线解锁。

● **隐藏参考线**：执行"视图"｜"参考线"｜"隐藏参考线"命令，可以将参考线暂时隐藏，再次执行该命令可以重新显示参考线。

● **清除参考线**：执行"视图"｜"参考线"｜"清除参考线"命令，可以删除所有的参考线。如需删除某条参考线，使用"选择工具" ▶ 选择该参考线并按Delete键删除即可。必须在没有锁定参考线的情况下，才可以删除参考线，否则无法删除。

知识链接　在创建移动参考线时，按住Shift键可以使参考线与标尺刻度对齐。

3. 智能参考线

执行"视图"｜"智能参考线"命令，或按Ctrl+U组合键，可以打开或关闭智能参考线。

开启智能参考线后，执行对象进行移动缩放等操作时，会自动提示对象之间的对齐方式，如图1-66所示。

图 1-66

4. 网格

网格也是一种辅助工具，在文字设计、标志设计中经常使用。使用网格可以更加精准地确定绘制图像的位置。同其他的辅助工具一样，网格也不可以打印输出。

执行"视图"｜"显示网格"命令，或按Ctrl+"组合键，可以将网格显示出来。执行"视图"｜"隐藏网格"命令，或按Ctr+"组合键，可以隐藏网格。执行"视图"｜"对齐网格"命令，在移动网格对象时，对象会自动对齐网格。

自己练／设计企业标志

案例路径 云盘＼实例文件＼第1章＼自己练＼设计企业标志

项目背景 采图是一家专业制作相机的公司，为了更好地宣传公司产品，现委托本公司为该公司相机系列产品设计一个形象，即贴合相机特点的相机标志形象。该标志主要应用于新推出的相机系列。

项目要求 ①标志的设计要简洁化、易识别。

②标志要引人注目，视觉形象鲜明生动。

③颜色的使用要艳丽多彩，展示相机色彩真实的特点。

项目分析 本项目将设计一款相机标志，如图1-67所示。标志主体选择相机外轮廓，体现相机主题；内部使用旋转的色块，代表相机快门效果，深刻展现相机的特点；颜色上选择明亮浓烈的红黄绿蓝紫，代表多姿多彩的相机视角。

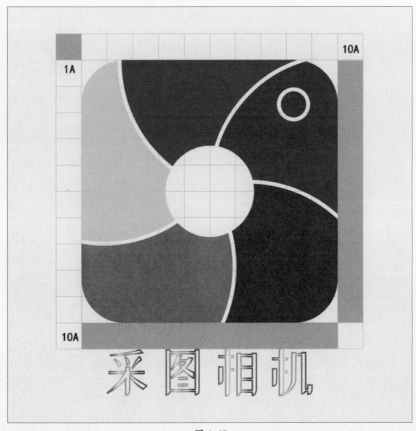

图 1-67

课时安排 2课时。

Illustrator

Illustrator

第 **2** 章

单页设计
——绘图操作详解

本章概述

　　Illustrator是专业的矢量图形绘制软件，包含多种绘制矢量图形的工具，如线型绘图工具、图形绘图工具等，图像绘制完成后，还可以使用选择工具选择对象进行修改。本章将针对Illustrator软件中的基础绘图工具及选择工具进行介绍。

要点难点

● 线型绘图工具的使用 ★★☆
● 图形绘图工具的使用 ★★★
● 选择对象 ★★☆

跟我学 甜品店单页设计 ///////////////////////////////////////

学习目标 本案例将练习制作甜品店单页，使用线型绘图工具和图形绘图工具绘制海报背景及装饰，使用文字工具添加文字信息。通过本实例，可以帮助读者了解单页的尺寸参数，掌握线型绘图工具和图形绘制工具的使用，学会应用选择工具。

案例路径 云盘\实例文件\第2章\跟我学\甜品店单页设计

步骤 01 打开Illustrator软件，执行"文件"|"新建"命令，打开"新建文档"对话框，在该对话框中设置参数，如图2-1所示。完成后单击"创建"按钮，新建一个206mm×285mm、出血为2mm的文档。

步骤 02 单击工具箱中的"矩形网格工具"▦按钮，在画板中的合适位置单击，打开"矩形网格工具选项"对话框，在该对话框中设置参数，如图2-2所示。

图 2-1

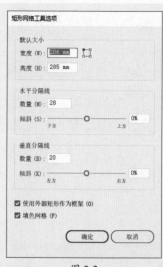

图 2-2

知识链接 宣传单页的规格一般为8开或16开，16开宣传单页尺寸为206mm×285mm，16开三折页尺寸为206mm×283mm，8开宣传单页尺寸为420mm×285mm。用于印刷时，一般保留各边出血2mm。

步骤 03 完成后单击"确定"按钮，新建矩形网格，如图2-3所示。

步骤 04 选中绘制的矩形网格，在控制栏中按住Shift键单击"填色" ▢▾按钮，在弹出的面板中设置颜色，如图2-4所示。

步骤 05 使用相同的方法，设置描边颜色，如图2-5所示。

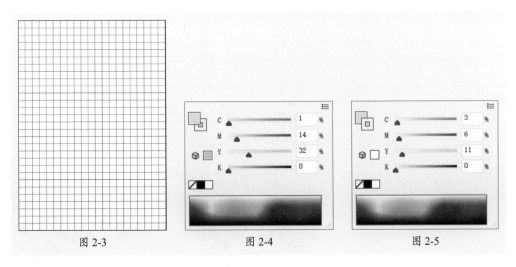

图 2-3　　　　　　　　　　图 2-4　　　　　　　　　　图 2-5

步骤 06 选中绘制的矩形网格，按Ctrl+2组合键锁定，如图2-6所示。

步骤 07 执行"文件"|"置入"命令，打开"置入"对话框，选择本章素材文件，取消选中"链接"复选框，如图2-7所示。

图 2-6

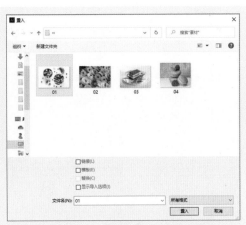

图 2-7

步骤 08 完成后单击"置入"按钮，在画板中单击置入的素材文件，然后调整至合适位置与大小，如图2-8所示。

图 2-8

步骤 09 选中置入的素材文件，右击鼠标，在弹出的快捷菜单中选择"变换"| "对称"命令，打开"镜像"对话框，选中"水平"单选按钮，如图2-9所示。

步骤 10 完成后单击"确定"按钮，镜像素材文件，如图2-10所示。

步骤 11 选择工具箱中的"矩形工具" ▢，在画板中绘制矩形，如图2-11所示。

| 图 2-9 | 图 2-10 | 图 2-11 |

步骤 12 使用"直接选择工具" ▷调整矩形的锚点，调整后如图2-12所示。

步骤 13 选中调整后的矩形与素材对象，右击鼠标，在弹出的快捷菜单中选择"建立剪切蒙版"命令，效果如图2-13所示。

步骤 14 选中剪切蒙版对象，在控制栏中设置"不透明度"为90%，效果如图2-14所示。按Ctrl+2组合键锁定对象。

| 图 2-12 | 图 2-13 | 图 2-14 |

步骤 15 选择工具箱中的"直排文字工具" IT，在画板中的合适位置单击并输入文字，选中输入的文字，在控制栏中设置字体、字号以及颜色（C:0，M:50，Y:100，K:0），效果如图2-15所示。

步骤 16 选择"修饰文字工具" ▥，单击文字并调整单个文字的位置，如图2-16所示。

步骤 17 选中调整后的文字，按Ctrl+C组合键复制，按Ctrl+B组合键贴在后面，右击鼠标，在弹出的快捷菜单中选择"创建轮廓"命令，将复制的文字转换为轮廓，如图2-17所示。

| 图 2-15 | 图 2-16 | 图 2-17 |

步骤 18 选中转换为轮廓的文字，执行"对象"｜"路径"｜"偏移路径"命令，打开"偏移路径"对话框，设置参数，如图2-18所示。

步骤 19 完成后单击"确定"按钮，在控制栏中设置偏移路径的填色为白色，效果如图2-19所示。

步骤 20 使用"圆角矩形工具" □ 在画板中的合适位置绘制圆角矩形，设置颜色为橙色（C:0，M:50，Y:100，K:0），如图2-20所示。

| 图 2-18 | 图 2-19 | 图 2-20 |

步骤 21 按C键切换至剪刀工具，在圆角矩形路径上单击，打断路径，选中下半部分，设置描边为橙色（C:0，M:50，Y:100，K:0），填充为无，效果如图2-21所示。

步骤 22 使用"直排文字工具" ⊥T在圆角矩形上方输入文字，并调整文字颜色，效果如图2-22所示。

步骤 23 使用"矩形工具" ▫在画板中的合适位置绘制外框，如图2-23所示。

图 2-21   图 2-22   图 2-23

步骤 24 使用"文字工具" T在画板中的合适位置输入其他文字，并调整不同的大小，效果如图2-24所示。

步骤 25 执行"文件"|"置入"命令，置入本章素材文件，并调整至合适大小，如图2-25所示。

步骤 26 使用"椭圆工具" ⚪，按住Shift键在置入素材上绘制正圆，如图2-26所示。

图 2-24   图 2-25   图 2-26

步骤 27 选中绘制的正圆和素材，右击鼠标，在弹出的快捷菜单中选择"建立剪切蒙版"命令，效果如图2-27所示。

步骤 28 使用"椭圆工具" ⚪在剪切蒙版对象周围绘制正圆，设置描边为橙色（C:0，M:50，Y:100，K:0），如图2-28所示。

步骤29 选中新绘制的正圆，按Ctrl+C组合键复制，按Ctrl+F组合键贴在前面，单击工具箱底部的"标准的Adobe颜色控制组件"中的"互换填色和描边" ↰按钮，交换填色与描边，效果如图2-29所示。

图 2-27   图 2-28   图 2-29

步骤30 使用"矩形工具" ▫在圆形上绘制矩形，如图2-30所示。

步骤31 选中最上层的正圆与新绘制的矩形，右击鼠标，在弹出的快捷菜单中选择"建立剪切蒙版"命令，效果如图2-31所示。

步骤32 使用"文字工具" 在剪切蒙版对象上输入文字，如图2-32所示。

图 2-30   图 2-31   图 2-32

步骤33 使用相同的方法，制作其他甜点介绍，并调整为不同的大小，丰富画板内容，如图2-33所示。

图 2-33

至此，甜品店单页设计完成。

学 习 心 得

听我讲 Listen to me

2.1 线型绘图工具组

Illustrator软件中有多种线型绘图工具。移动鼠标指针至"直线段工具" ╱上，右击鼠标，即可弹出隐藏工具，如图2-34所示。下面将介绍这5种常用的线型工具。

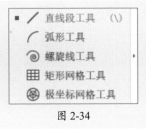

图 2-34

2.1.1 直线段工具

使用"直线段工具" ╱可以直接绘制各种方向的直线。选择工具箱中的"直线段工具" ╱，在画板中需要绘制的位置单击并按住鼠标左键进行拖动，如图2-35所示。释放鼠标即可绘制一条直线，如图2-36所示。

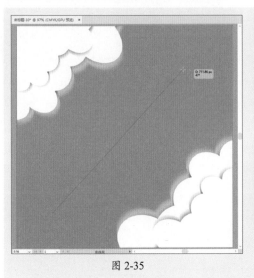

图 2-35

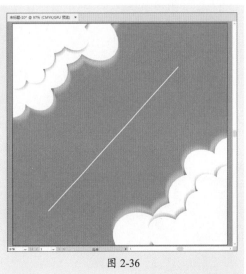

图 2-36

若想精确绘制直线对象，可以在选择"直线段工具" ╱的情况下在画板中的合适位置单击，打开"直线段工具选项"对话框，在该对话框中可以设置直线段的长度和角度，如图2-37所示。设置完成后，单击"确定"按钮，即可以单击处为起点绘制直线，如图2-38所示。

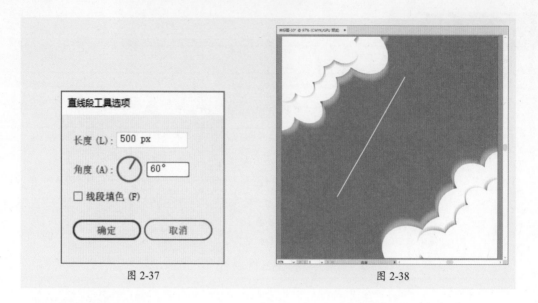

图 2-37   图 2-38

2.1.2　弧形工具

　　使用"弧形工具" 可以绘制任意弧度的弧形，也可绘制精确弧度的弧形对象。选择工具箱中的"弧形工具" ，按住鼠标左键在画板中拖动即可绘制一条弧线，如图2-39所示。

　　若想绘制精确的弧形对象，可以在选择"弧形工具"的情况下在画板中的合适位置单击，打开"弧线段工具选项"对话框，在该对话框中对所要绘制弧形的参数进行设置，如图2-40所示。

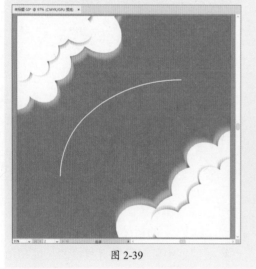

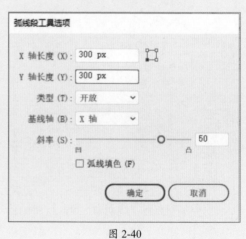

图 2-39   图 2-40

在绘制过程中，用户可以通过键盘上的"↑"键和"↓"键调整弧形的弧度。

"弧线段工具选项"对话框中部分选项的作用如下。

● **定位器** ◰：用于设置弧线起始端点在弧线中的位置。

● **类型**：用于确定绘制的弧线对象是"开放"还是"闭合"。

● **基线轴**：用于确定绘制的弧线对象基线轴为X轴还是为Y轴。

2.1.3 螺旋线工具

使用"螺旋线工具" ◉ 可以绘制各种螺旋形状的线条。单击工具箱中的"螺旋线工具" ◉，按住鼠标左键在画板中拖动即可绘制一段螺旋线，如图2-41所示。

在选择"螺旋线工具" ◉ 的情况下在画板中的合适位置单击，可以打开"螺旋线"对话框，对要绘制的螺旋线进行精确设置。如图2-42所示为打开的"螺旋线"对话框。

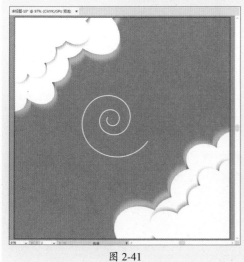

图 2-41

图 2-42

"螺旋线"对话框中各选项的作用如下。

● **半径**：指定螺旋线的中心点到螺旋线终点之间的距离，用来设置螺旋线的半径。

● **衰减**：设置螺旋线内部线条之间的螺旋线圈数。

● **段数**：设置螺旋线的螺旋段数。数值越大螺旋线越长，反之越短。

● **样式**：设置螺旋线方向。用户可以根据需要选择顺时针或逆时针方向绘制螺旋线。

💬 技巧点拨

使用"螺旋线工具" ◉ 时，按住Alt键拖动可以增加螺旋线的段数；按住Ctrl键拖动可以设置螺旋线的"衰减"程度。

2.1.4 矩形网格工具

使用"矩形网格工具" ▦ 可以绘制矩形网格。选择"矩形网格工具" ▦，在画板中按住鼠标左键沿对角线方向拖动，释放鼠标后即可绘制出矩形网格，如图2-43所示。

若想制作精确的矩形网格，可以在矩形网格的一个角点位置单击鼠标，在弹出的"矩形网格工具选项"对话框中，对矩形网格的参数进行设置，如图2-44所示。

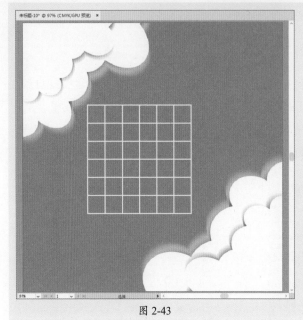

图 2-43

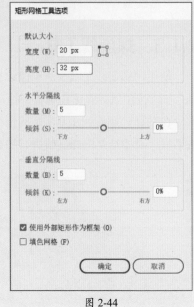

图 2-44

"矩形网格工具选项"对话框中部分常用选项的作用如下。

- **宽度**：设置矩形网格的宽度。
- **高度**：设置矩形网格的高度。
- **水平分隔线**："数量"可以设置矩形网格中水平网格线的数量；"下方、上方倾斜"可以设置水平网格的倾向。
- **垂直分隔线**："数量"可以设置矩形网格中垂直网格线的数量；"左方、右方倾斜"可以设置垂直网格的倾向。

2.1.5　极坐标网格工具

使用"极坐标网格工具" ⊛ 可以绘制同心圆并且按指定的参数确定的放射线段。

选择"极坐标网格工具" ⊛ ，在画板中的合适位置按住鼠标左键拖动即可。在绘制时，按Shift+Alt组合键，可以以单击点为中心绘制正圆，如图2-45所示。

选择"极坐标网格工具" ⊛ ，在需要绘制极坐标网格的位置单击鼠标，打开"极坐标网格工具选项"对话框，如图2-46所示。在该对话框中可以设置参数，从而绘制精确的极坐标网格。

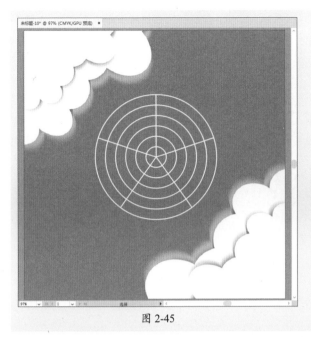

图 2-45

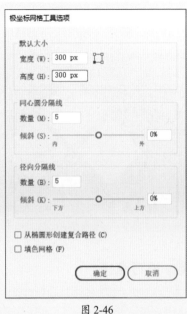

图 2-46

"极坐标网格工具选项"对话框中部分常用选项的作用如下。

● **默认大小**："宽度"为极坐标网格图形的宽度；"高度"为极坐标网格图形的高度。

● **同心圆分隔线**："数量"为极坐标网格图形中同心圆的数量；"内、外倾斜"为极坐标网格图形的排列倾向。

● **径向分隔线**："数量"为极坐标网格图形中射线的数量；"下方、上方倾斜"为极坐标按网格图形排列倾向。

2.2 图形绘制工具组

除了线型工具，Illustrator软件中还提供了几种绘制简单几何图形的工具。移动鼠标指针至"矩形工具" ▢ 上，右击鼠标，即可弹出"矩形工具组"中的隐藏工具，如图2-47所示。本小节将针对这6种图形绘制工具进行介绍。

图 2-47

2.2.1 矩形工具

使用"矩形工具" ▢ 可以绘制矩形。选择工具箱中的"矩形工具" ▢ ，在画板中按住鼠标左键拖动，释放鼠标后即可绘制矩形。如图2-48所示为使用"矩形工具" ▢ 绘制的图形。

若想绘制精确的矩形，可以在选中"矩形工具" ▢ 的情况下，在画板中单击鼠标，打开"矩形"对话框，如图2-49所示。在该对话框中设置合适的高度和宽度，完成后单击"确定"按钮，即可绘制出精确的矩形对象。

 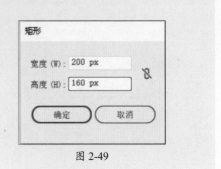

图 2-48 图 2-49

💬 **技巧点拨**

绘制矩形时，按住Shift键可以绘制出正方形；按住Shift+Alt组合键可以以单击点为中心绘制正方形。

2.2.2 圆角矩形工具

使用"圆角矩形工具"▣可以绘制圆角矩形。选择工具箱中的"圆角矩形工具"▣，在画板中按住鼠标左键拖动即可绘制圆角矩形。如图2-50所示为使用"圆角矩形工具"▣绘制的图形。

如需绘制精确的圆角矩形，可在画板中单击鼠标，打开"圆角矩形"对话框，如图2-51所示。在该对话框中设置合适的高度和宽度，以及圆角半径的大小，完成后单击"确定"按钮，即可绘制出精确的圆角矩形对象。

图 2-50 图 2-51

💬 **技巧点拨**

拖动鼠标的同时按"↑"键和"↓"键可以调整圆角矩形的圆角大小。

2.2.3　椭圆工具

使用"椭圆工具"◎可以绘制椭圆和正圆。选择工具箱中的"椭圆工具"◎，在画板中按住鼠标左键拖动鼠标，绘制完成后，释放鼠标即可。如图2-52所示为使用"椭圆工具"◎绘制的图形。

如需绘制精准的椭圆图形，在画板中单击鼠标，打开"椭圆"对话框，如图2-53所示。在该对话框中分别设置其高度和宽度，完成后单击"确定"按钮，即可绘制精确的椭圆对象。

图 2-52　　　　　　　　　　　　　　　　图 2-53

2.2.4　多边形工具

"多边形工具"◎用于绘制边数大于等于3的任意边数的多边形。选择工具箱中的"多边形工具"◎，在画板中按住鼠标左键拖动，即可绘制多边形。如图2-54所示为使用"多边形工具"◎绘制的图形。

若想绘制精确的多边形，可以选中"多边形工具"◎，在画板中单击，打开"多边形"对话框进行精确的设置，如图2-55所示。

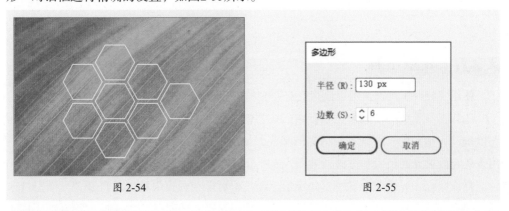

图 2-54　　　　　　　　　　　　　　　　图 2-55

💬 技巧点拨

拖动鼠标的同时按"↑"键和"↓"键可以调整多边形的边数。

2.2.5 星形工具

使用"星形工具"☆可以绘制角数大于等于3的星形。选择工具箱中的"星形工具"☆，在画板中按住鼠标向外拖动，绘制完成后，释放鼠标即可。如图2-56所示为使用"星形工具"☆绘制的图形。

在画板中单击鼠标，可以打开"星形"对话框，如图2-57所示。在该对话框中可以对星形的半径和角点数进行设置，创建精确的星形对象。

图 2-56

图 2-57

"星形"对话框中各选项的作用如下。

● **半径1**：从星形中心到星形正上方角点的距离。
● **半径2**：从星形中心到星形正上方角点相邻角点的距离。
● **角点数**：定义所绘制星形图形的角点数。

💬 技巧点拨

拖动鼠标的同时按"↑"键和"↓"键可以调整星形的角点数。绘制星形时按住Ctrl键可以保持星形的半径2不变。

2.2.6 光晕工具

使用"光晕工具"🔅可以创建具有明亮的中心、光晕和射线及光环的光晕对象。

选择工具箱中的"光晕工具"🔅，在要创建光晕的大光圈部分的中心位置按住鼠标左键拖动，拖动的长度就是放射光的半径，如图2-58所示。在画板中另一处单击鼠标，用来确定放射光的长度和方向，如图2-59所示。

释放鼠标，光晕效果如图2-60所示。用户也可以在画板中单击，打开"光晕工具选项"对话框，如图2-61所示。在该对话框中可以对光晕效果的相关属性进行设置，从而制作特定参数的光晕对象。

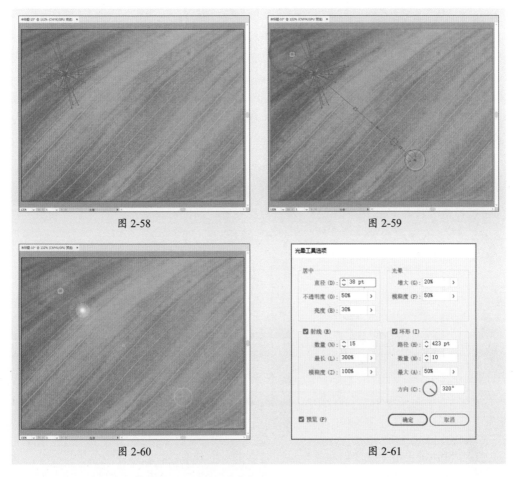

图 2-58

图 2-59

图 2-60

图 2-61

"光晕工具选项"对话框中各选项的作用如下。

● **居中**："直径"选项可以设置中心控制点直径的大小；"不透明度"选项可以设置中心控制点的不透明度；"亮度"选项可以设置中心控制点的亮度比例。

● **光晕**："增大"选项可以设置光晕围绕中心控制点的辐射程度；"模糊度"可以设置光晕在图形中的模糊程度。

● **射线**："数量"选项可以设置射线的数量；"最长"选项可以设置最长一条射线的长度；"模糊度"选项可以设置射线在图形中的模糊程度。

● **环形**："路径"选项可以设置光环所在路径的长度值；"数量"选项可以设置二次单击时产生的光环在图形中的数量；"最大"选项可以设置光环的大小比例；"方向"选项可以设置光环在图形中的旋转角度，还可以通过右边的角度参数控制按钮调节光环的角度。

2.3 选择对象

在Illustrator软件中，有多种选择对象的方式。用户可以根据需要使用"选择工具" ▶、"直接选择工具" ▷、"编组选择工具" ▷、"魔棒工具" ✦ 和"套索工具" ✦ 等工具选择对象，也可以使用"选择"菜单选择对象。下面将对此进行介绍。

2.3.1 选择工具

"选择工具" ▶可以选择整个图形、整个路径或整段文字。选择工具箱中的"选择工具" ▶或按快捷键V，切换至选择工具，移动鼠标指针至需要选择的对象上，单击鼠标即可选择整个对象，如图2-62所示。按住鼠标左键拖动即可移动选中的对象，如图2-63所示。

图 2-62   图 2-63

按住Shift键单击要选中的对象，可同时选中多个对象。若想选择多个相邻对象，可按住鼠标拖动进行框选。被选中的对象周围有一个矩形框，这个矩形框叫作"定界框"。

在定界框上有8个控制点，移动鼠标指针至控制点上，当鼠标指针变为↕形状时，按住鼠标左键拖动即可纵向拉伸；当鼠标指针变为↔形状时可以横向拉伸；当移动鼠标指针至4个角点处时，鼠标指针变为↗形状，此时可以横向、纵向一同拉伸，按住Shift键可以等比缩放，如图2-64所示。将鼠标指针放置在控制点以外，鼠标指针变为↰形状时按住鼠标左键拖动可以旋转图形，如图2-65所示。

图 2-64   图 2-65

2.3.2　直接选择工具

使用"直接选择工具" ▷ 可以选择对象内的锚点或路径段。选择工具箱中的"直接选择工具" ▷，在需要选择的路径上方单击即可选择这段路径，如图2-66所示。

显示路径后可以看到路径上方的锚点，在锚点上方单击即可选中锚点，如图2-67所示。

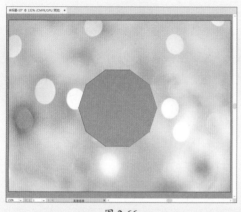

图 2-66

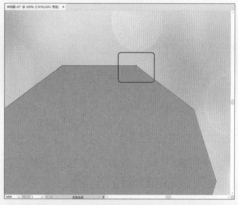

图 2-67

选择锚点后拖动锚点即可移动锚点的位置，锚点移动后图形也会随之改变，如图2-68所示。释放鼠标，效果如图2-69所示。

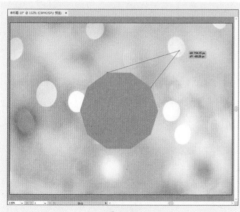

图 2-68

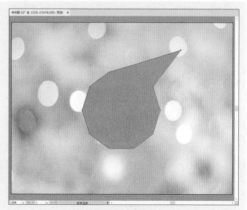

图 2-69

知识链接　　在图像的绘制过程中，可以使用"还原"和"重做"命令来对图像进行还原或重做操作。在出现操作失误的情况时，执行"编辑"|"还原"命令能够修正错误，也可以按Ctrl+Z组合键。还原之后，还可以执行"编辑"|"重做"命令或按Shift+Ctrl+Z组合键撤销还原，恢复到还原操作之前的状态。

若想删除锚点，可以选中锚点后按Delete键将其删除，如图2-70和图2-71所示为删除多个锚点前后的效果。

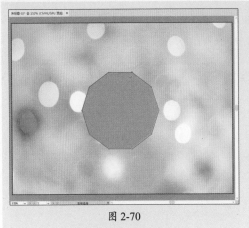 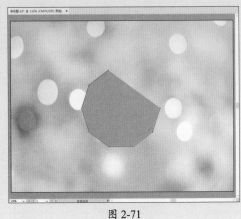

图 2-70   图 2-71

2.3.3　编组选择工具

使用"编组选择工具" ▶ 可以在编组过的情况下选择组内的对象或组内的组。使用"编组选择工具" ▶ ，选择的是组内的一个对象，如图2-72所示。再次单击，选择的是对象所在的组，如图2-73所示。

图 2-72   图 2-73

2.3.4　魔棒工具

使用"魔棒工具" ▶ 可以选择当前文档中属性相近的对象。例如，具有相近的填充色、描边色、描边宽度、透明度或者混合模式的对象。

选择工具箱中的魔棒工具，在要选取的对象上单击，如图2-74所示。文档中与所选对象属性相近的对象会被选中，如图2-75所示。

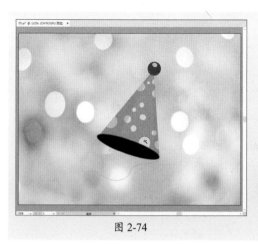

图 2-74

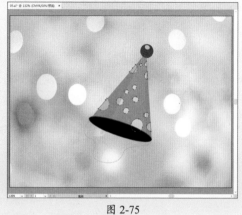

图 2-75

　　双击工具箱中的"魔棒工具" 按钮，可以打开"魔棒"面板，如图2-76所示，用户可以根据需要进行设置。

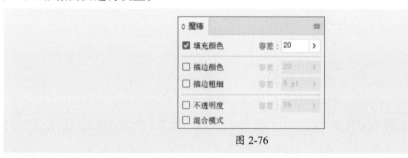

图 2-76

2.3.5　套索工具

　　使用"套索工具" 可以通过拖动鼠标进行区域性的图形选取。选择工具箱中的"套索工具" 或按快捷键Q，切换至套索工具。在需要选取的区域内，拖动鼠标将要选取的对象圈中，如图2-77所示。释放鼠标即可选中区域内的对象，如图2-78所示。

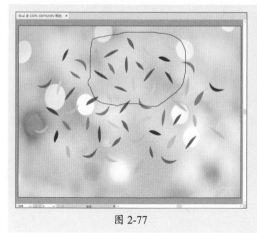

图 2-77

图 2-78

2.3.6 "选择"菜单

除了可以使用选择工具选择对象外，用户还可以使用"选择"菜单中的命令选取对象。单击菜单栏中的"选择"菜单，在弹出的下拉菜单中可以看到相应的选择命令，在每个命令右侧有相应的快捷键，如图2-79所示。

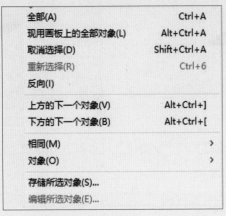

全部(A)	Ctrl+A
现用画板上的全部对象(L)	Alt+Ctrl+A
取消选择(D)	Shift+Ctrl+A
重新选择(R)	Ctrl+6
反向(I)	
上方的下一个对象(V)	Alt+Ctrl+]
下方的下一个对象(B)	Alt+Ctrl+[
相同(M)	>
对象(O)	>
存储所选对象(S)...	
编辑所选对象(E)...	

图 2-79

"选择"菜单中部分命令的作用如下。

● **全部**：选中文档中的全部对象，但被锁定的对象不会被选中。

● **现用画板上的全部对象**：在多个画板的情况下，执行该命令可以选择所使用的画板中的所有内容。

● **取消选择**：将所有选中的对象取消选择，在空白区域单击即可取消选择所选对象。

● **重新选择**：该命令通常在选择状态被取消或者是选择了其他对象后，要将前面选择的对象重新进行选中时使用。

● **反向**：该功能可以快速选择隐藏的路径、参考线和其他难以选择的未锁定对象。

● **相同**：与魔棒工具相似，执行该命令，在子菜单中选择相应的属性，即可在文档中快速选择出具有该属性的全部对象。

● **对象**：执行该命令，然后选取一种对象类型（剪切蒙版、游离点或文本对象等），即可选择文件中所有属于该类型的对象。

● **存储所选对象**：该选项可用于保存特定的对象。

● **编辑所选对象**：执行该命令，在弹出的"编辑所选对象"对话框中选中要进行编辑的状态选项，即可编辑已保存的对象。

自己练 / 设计招聘单页

案例路径 云盘 \ 实例文件 \ 第2章 \ 自己练 \ 设计招聘单页

项目背景 因公司发展需要，科创设计公司需要招聘一批销售、市场、设计等人才。受该公司委托，为其制作一份招聘单页，从而鼓励更多有才华、有能力的人挑战招聘职位。

项目要求 ①单页的制作要体现出招聘力度，要有一定的视觉冲击力。

②语言的编排要有激情，颜色要鲜亮。

③单页尺寸为206mm×285mm。

项目分析 招聘单页的颜色以红色和蓝色为主，通过合理搭配，使海报既有蓝色的沉稳，又兼具红色的热烈；采用简单的版面布局，使招聘信息明确，条理清晰；通过变形文字，点明海报主题，如图2-80所示。

图 2-80

课时安排 2课时。

Illustrator

Illustrator

第 **3** 章

插画设计
——路径详解

本章概述

　　除了简单的线条和图形，在Illustrator软件中还可以使用钢笔工具、画笔工具、铅笔工具等工具绘制复杂的路径，在绘制的同时可以对其进行相应的路径编辑。本章将针对路径的绘制与编辑进行详细的讲解。

要点难点

- 钢笔工具的使用 ★★☆
- 路径的绘制与调整 ★★★
- 画笔工具的使用 ★★☆
- 铅笔工具的使用 ★★☆

跟我学 扁平化插画设计 //////////////////////////////

学习目标 本案例将练习设计扁平化插画，使用矩形工具绘制背景，使用钢笔工具和铅笔工具绘制插画内容。通过本实例，可以了解钢笔工具、画笔工具、铅笔工具等工具的使用，学会绘制、调整路径。

案例路径 云盘 \ 实例文件 \ 第3章 \ 跟我学 \ 扁平化插画设计

步骤 01 执行"文件"|"新建"命令，打开"新建文档"对话框，在该对话框中设置参数，如图3-1所示。设置完成后单击"创建"按钮，新建一个960px×640px的空白文档。

步骤 02 使用"矩形工具"▢在画板中绘制一个与画板等大的矩形，在控制栏中设置其填充色为蓝色（C:36，M:0，Y:6，K:0），如图3-2所示。按Ctrl+2组合键锁定对象。

图 3-1

图 3-2

步骤 03 使用相同的方法在画板中绘制矩形，在控制栏中设置填充色为黄色（C:7，M:14，Y:58，K:0），如图3-3所示。按Ctrl+2组合键锁定对象。

步骤 04 使用"铅笔工具"✎在画板中按住鼠标左键拖动绘制图形，绘制完成后，选中绘制的路径，在控制栏中设置填充色为蓝色（C:51，M:16，Y:0，K:0），制作出海水的效果，如图3-4所示。按Ctrl+2组合键锁定对象。

图 3-3

图 3-4

步骤 05 使用"钢笔工具" ✐ 在画板中绘制不规则图形，在控制栏中设置填充色为绿色（C:42，M:21，Y:62，K:0），制作出山的效果，如图3-5所示。按Ctrl+2组合键锁定对象。

步骤 06 使用相同的方法，继续绘制山的路径，并设置填充色为较深的绿色（C:47，M:27，Y:69，K:0），如图3-6所示。按Ctrl+2组合键锁定对象。

图 3-5

图 3-6

步骤 07 使用相同的方法，在画板中绘制白色建筑轮廓，如图3-7所示。

步骤 08 在建筑轮廓上使用"钢笔工具" ✐ 绘制窗户，如图3-8所示。

图 3-7

图 3-8

步骤 09 选中绘制的窗户路径与建筑路径，执行"窗口"|"路径查找器"命令，打开"路径查找器"面板，在该面板中单击"减去顶层" ▣ 按钮，创建复合路径，效果如图3-9所示。按Ctrl+2组合键锁定对象。

步骤 10 使用"钢笔工具" ✐ 在画板中的合适位置绘制梯形，在控制栏中设置颜色为浅棕色（C:13，M:14，Y:27，K:0），如图3-10所示。

图 3-9

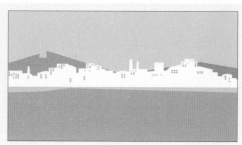

图 3-10

步骤 11 使用"矩形工具"▢ 在梯形上方绘制黑色矩形，如图3-11所示。

步骤 12 在黑色矩形上绘制白色矩形，制作出栏杆的效果，如图3-12所示。选中白色矩形，按Ctrl+G组合键编组。

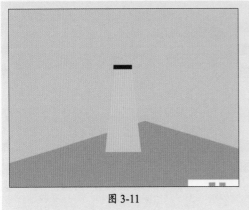

图 3-11 图 3-12

步骤 13 继续绘制浅棕色矩形，如图3-13所示。

步骤 14 使用"钢笔工具" ✎ 绘制黑色屋檐，如图3-14所示。

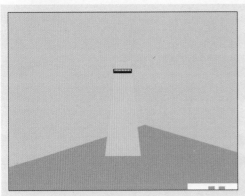 

图 3-13 图 3-14

步骤 15 使用"圆角矩形工具"▢，在画板中的合适位置绘制圆角矩形，重复多次，如图3-15所示。

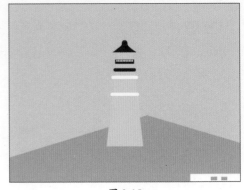

图 3-15

步骤16 使用"Shaper工具" ✏ 在屋檐下的矩形中绘制椭圆，在控制栏中设置填充色为黄色（C:11，M:0，Y:76，K:0），如图3-16所示。

步骤17 选择绘制的椭圆，执行"效果"|"风格化"|"羽化"命令，打开"羽化"对话框，设置半径为2px，如图3-17所示。完成后单击"确定"按钮，制作出灯光氤氲的效果。

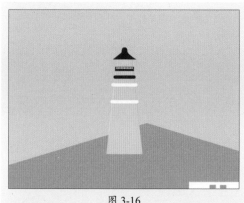

图 3-16

图 3-17

步骤18 使用"Shaper工具" ✏ 在黄色椭圆上绘制椭圆，在控制栏中设置填充色为橘色（C:19，M:51，Y:90，K:0），描边为黑色，粗细为0.5pt，如图3-18所示。

步骤19 使用"钢笔工具" ✏ 在画板中绘制窗户和门，并设置填充色为黑色，如图3-19所示。至此，完成灯塔的绘制，选中灯塔，按Ctrl+G组合键编组对象。

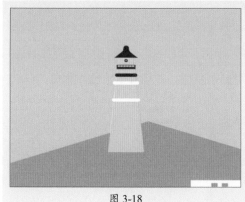

图 3-18

图 3-19

💬 技巧点拨

按Ctrl+0组合键可将视图显示比例缩放为满画布显示。

步骤20 使用"钢笔工具" ✏ 在画板中的合适位置绘制路径，在控制栏中设置填充色为橘色（C:7，M:73，Y:96，K:0），制作船舱底部，如图3-20所示。

步骤21 继续绘制路径，并填充白色，制作船踏舷效果，如图3-21所示。

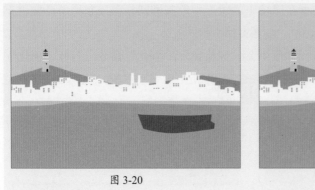

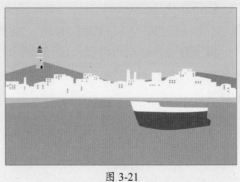

图 3-20   图 3-21

步骤 22 继续绘制路径，并填充蓝色（C:84，M:66，Y:11，K:0），制作旗杆效果，如图3-22所示。

步骤 23 选中新绘制的路径，右击鼠标，在弹出的快捷菜单中选择"排列"|"后移一层"命令，调整图形的排列顺序，效果如图3-23所示。

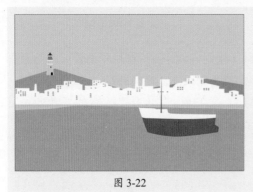

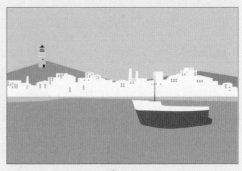

图 3-22   图 3-23

步骤 24 使用"钢笔工具" ✐ 在旗杆顶部绘制三角旗，并设置填充色为黄色（C:0，M:10，Y:95，K:0），如图3-24所示。

图 3-24

步骤25 使用"矩形工具" □ 在船舱上绘制矩形，并填充深橘色（C:40，M:81，Y:100，K:5），制作窗户效果，如图3-25所示。

步骤26 选中绘制的轮船造型，按Ctrl+G组合键编组。按住Alt键拖动复制，并调整大小，如图3-26所示。

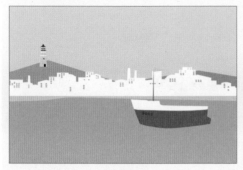

图 3-25   图 3-26

步骤27 双击复制的编组对象，进入编组隔离模式，调整颜色，这里可以根据个人喜好进行设置，如图3-27所示。

步骤28 使用相同的方法，绘制一些小船，如图3-28所示。

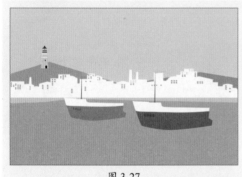

图 3-27   图 3-28

步骤29 使用"Shaper工具" ✐ 在画板中绘制圆形，如图3-29所示。

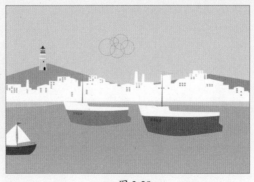

图 3-29

步骤30 选中绘制的圆形，设置其填充色为白色，描边为无，在"路径查找器"面板中单击"链接" ■ 按钮，合并形状，制作出白云的效果，如图3-30所示。

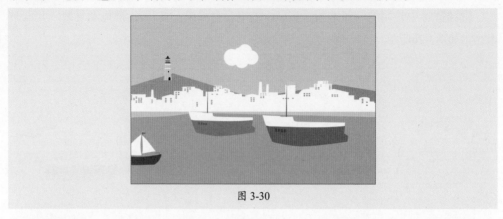

图 3-30

步骤31 使用相同的方法，绘制不同造型的云，丰富画面效果，如图3-31和图3-32所示。

图 3-31   图 3-32

至此，完成扁平化插画的设计。

学 习 心 得

听我讲 ▶ Listen to me

3.1　钢笔工具组

"钢笔工具"是Illustrator中非常重要的一个工具，用户可以通过钢笔工具完成在Illustrator中的大部分绘制工作。在操作时还可以借助钢笔工具组中的其他工具精确地调整路径，达到需要的效果。本节将针对钢笔工具组的使用进行介绍。

3.1.1　认识钢笔工具组

钢笔工具组中包括"钢笔工具" ✐ 、"添加锚点工具" ✎ 、"删除锚点工具" ✎ 和"锚点工具" ⌐ 4种工具，如图3-33所示。下面将针对这4种工具进行介绍。

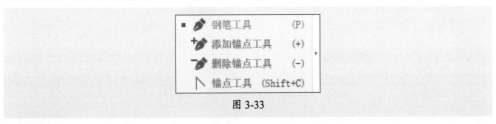

图 3-33

1. 钢笔工具

"钢笔工具" ✐ 非常实用，可以用于绘制路径和图形。使用钢笔工具是通过控制锚点的位置来绘制直线或曲线路径的。在路径绘制完成后可以选中锚点，在控制栏中对锚点进行编辑。

选中工具箱中的"钢笔工具" ✐ ，在画板中的合适位置处单击，创建第一个锚点，移动鼠标至下一锚点处，单击即可创建尖角锚点，如图3-34所示。继续移动鼠标，在下一锚点处按住鼠标拖动，即可创建平滑锚点，如图3-35所示。

图 3-34

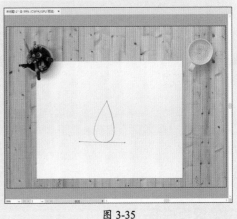

图 3-35

在使用其他工具时，用户可以按P键快速切换至"钢笔工具" ✒️；按+键可以快速切换至"添加锚点工具" ✒️；按-键可以快速切换至"删除锚点工具" ✒️。

2. 添加锚点工具

使用"添加锚点工具" ✒️可以在路径上添加锚点，从而更好地控制路径。

选择工具箱中的"添加锚点工具" ✒️，移动鼠标指针至路径上，如图3-36所示。在路径上单击即可添加锚点，多次添加锚点后，效果如图3-37所示。用户可以通过调整锚点来调整路径。

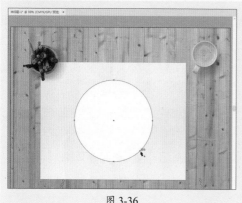 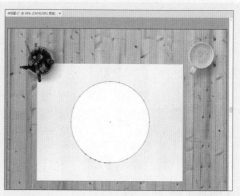

图 3-36　　　　　　　　　　　图 3-37

3. 删除锚点工具

使用"删除锚点工具" ✒️可以删除已有的锚点。删除锚点后，路径形态也会随之变化。

选择"删除锚点工具" ✒️，移动鼠标至需要删除的锚点处，如图3-38所示。单击鼠标即可删除锚点，多次删除锚点后，效果如图3-39所示。

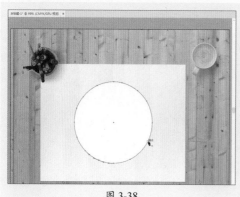 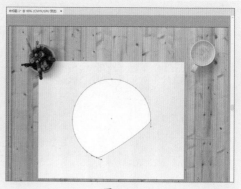

图 3-38　　　　　　　　　　　图 3-39

💬 技巧点拨

使用"删除锚点工具" ✒️删除锚点后不会打断路径，而按Delete键删除锚点会打断路径。

4. 锚点工具

“锚点工具” 可以转换平滑锚点和尖角锚点。在平滑锚点上单击即可转换为尖角锚点；在尖角锚点上按住鼠标左键并拖动，即可将尖角锚点转换为平滑锚点。

选择工具箱中的“锚点工具” ，将鼠标指针移动至尖角锚点处，如图3-40所示。按住鼠标左键拖动，即可将其转换为平滑锚点，如图3-41所示。

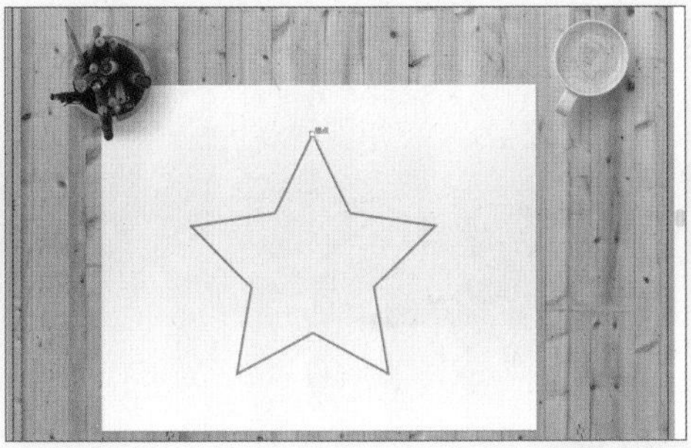

图 3-40

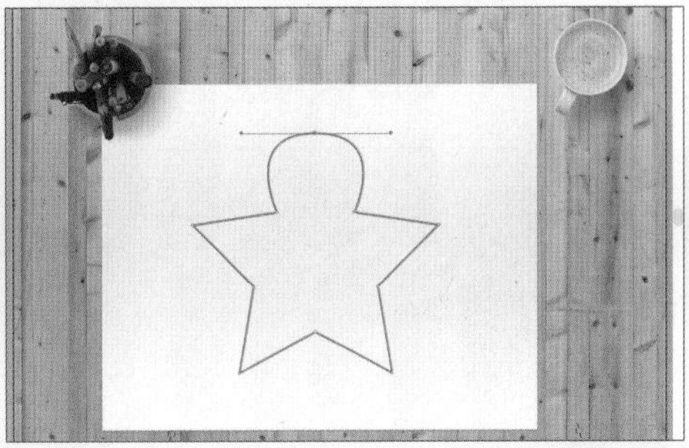

图 3-41

知识链接

在使用“钢笔工具” 的状态下，移动鼠标指针至路径上方时鼠标指针将变为 形状，单击即可在路径上添加锚点；移动鼠标指针至锚点处时鼠标指针将变为 形状，单击即可减去锚点；按Alt键可以快速切换至“锚点工具” ；按Ctrl键可以快速切换至“直接选择工具” 。

3.1.2 绘制与调整路径

锚点与锚点之间的连接线构成了路径。本小节将针对路径的绘制与调整进行介绍。

1. 绘制直线

选择工具箱中的“钢笔工具” 或按P键，切换至钢笔工具，在画板中的合适位置单击鼠标，即可创建第一个锚点，如图3-42所示。移动鼠标指针至第2个锚点处，再次单击鼠标创建锚点，此时两个锚点连接成一个直线段路径，如图3-43所示。

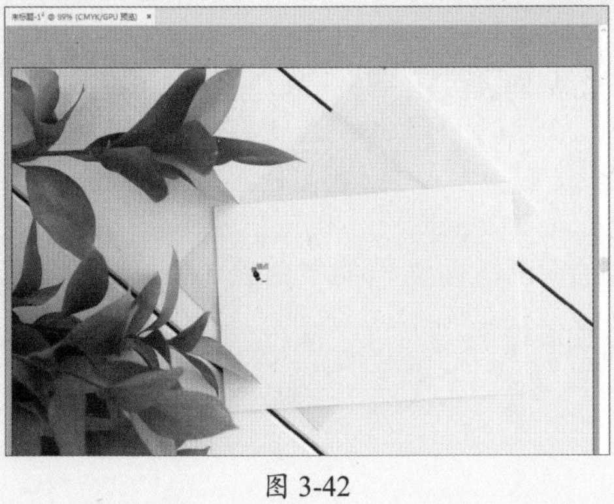

图 3-42

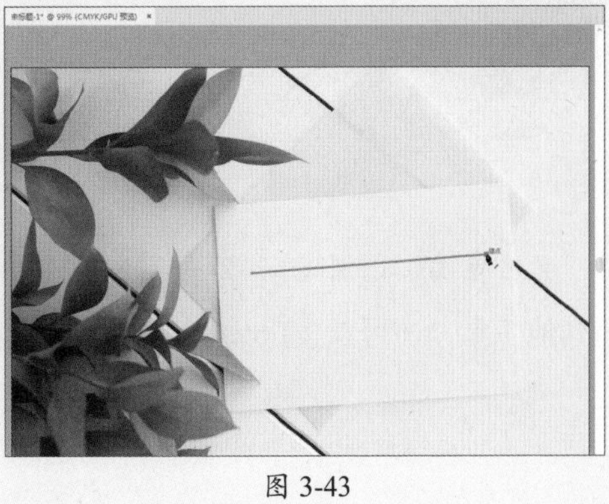

图 3-43

知识链接 按住Shift键可以绘制水平、垂直或以45°角为增量的直线。

2. 绘制曲线及锚点转换

选择工具箱中的"钢笔工具" ✐，在画板中的合适位置单击鼠标，创建第一个锚点，然后在第2个锚点处按住鼠标左键并拖动，绘制出带有弧度的曲线路径，此时的锚点为平滑锚点，如图3-44所示。继续创建锚点，绘制路径，最终效果如图3-45所示。

图 3-44　　　　　　　　　　　　　　　　　　图 3-45

选择"锚点工具" ⊓，在平滑锚点上单击锚点即可将平滑锚点转换为尖角锚点，如图3-46和图3-47所示。

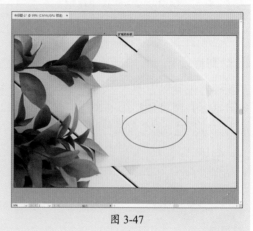

图 3-46　　　　　　　　　　　　　　　　　　图 3-47

若要结束一段开放式路径的绘制，可以按住Ctrl键在文档的空白处单击，或者切换至其他工具，还可以按Enter键结束当前开放路径的绘制。

3. 绘制闭合路径

移动鼠标指针至起始锚点处单击，可将路径闭合。将鼠标指针移动至开放路径的起始锚点处时，鼠标指针变为 ▸.形状，如图3-48所示。单击即可闭合路径，如图3-49所示。

图 3-48　　　　　　　　　　　　　　　　　　图 3-49

4. 分割锚点

用户还可以将一个锚点分割成两个锚点，且两个锚点之间不相连。

选中要分割的锚点，单击控制栏中的"在所选锚点处剪切路径" ✂ 按钮，即可将所选锚点分割为两个锚点，如图3-50所示。移动其中一个锚点的位置，效果如图3-51所示。

图 3-50　　　　　　　　　　　　　　　　　　图 3-51

3.2　画笔工具

"画笔工具" ✐ 可以应用多种笔触效果，绘制出丰富的路径样式。本小节将针对画笔工具进行介绍。

3.2.1 使用画笔工具

选择工具箱中的"画笔工具" ✐，或按B键切换至画笔工具，在控制栏中可以通过描边参数设置画笔的粗细。单击"描边"按钮，在弹出的"描边"面板中可以对描边的粗细、端点、边角等参数进行设置，如图3-52所示；在 ——— 等比 ▾ 中，可以对画笔的宽度配置进行设置，如图3-53所示；在 ● 5 点圆形 ▾ 中可以对画笔工具的笔触样式进行设置，如图3-54所示。

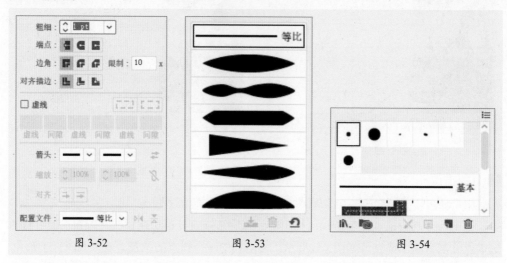

图 3-52   图 3-53   图 3-54

设置完成后在画板中按住鼠标左键拖动进行绘制，如图3-55所示。释放鼠标即可得到绘制的效果，如图3-56所示。

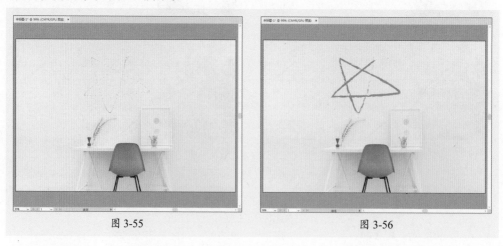

图 3-55   图 3-56

绘制完成后，若对路径的样式不满意，用户还可以在控制栏中更改画笔的属性。选择要修改的路径，在"画笔定义"下拉面板中选择一个新的笔触，如图3-57所示。选择完成后路径即会发生变化，如图3-58所示。

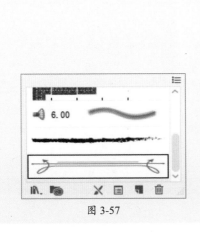

图 3-57   图 3-58

3.2.2 使用画笔库

除了"画笔定义"下拉面板中的部分笔触样式外,Illustrator的画笔库中包含更多的画笔笔触。

执行"窗口"|"画笔"命令,打开"画笔"面板。在"画笔"面板中,单击左下角的"画笔库菜单" 按钮,在弹出的下拉菜单中可以选择合适的命令,打开相应的面板。如图3-59所示为画笔库菜单。选择"边框"|"边框_新奇"命令,即可打开"边框_新奇"面板,如图3-60所示。

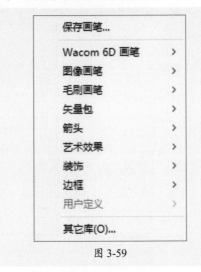

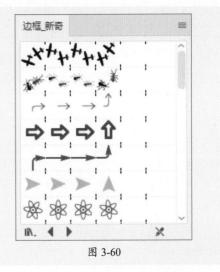

图 3-59   图 3-60

选择画板中的路径,如图3-61所示。单击"边框_新奇"面板中的笔触,即可改变路径效果,如图3-62所示。

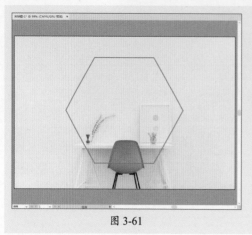
图 3-61

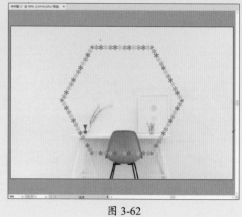
图 3-62

💬 **技巧点拨**

画笔笔触并不是只能够应用于用画笔工具绘制的路径，它可以应用在用任何绘图工具所创建的路径上。

若选中的路径已经应用了画笔描边，则新画笔样式将取代旧画笔样式应用于所选路径。

3.2.3　定义新画笔

用户还可以定义新画笔，以满足自己绘制所需。选择需要定义为画笔笔触的对象，如图3-63所示。单击"画笔"面板右下角的"新建画笔"■按钮，打开"新建画笔"对话框，在该对话框中设置新建画笔的类型，如图3-64所示。

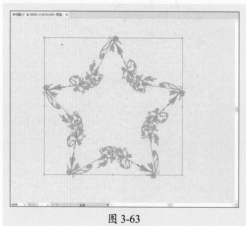
图 3-63

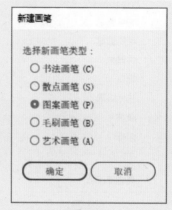
图 3-64

单击"确定"按钮，打开"图案画笔选项"对话框，在该对话框中对新建画笔的"名称""间距"等各项参数进行设置，如图3-65所示。设置完成后单击"确定"按钮，即可新建画笔。新创建的画笔将出现在"画笔"面板中，如图3-66所示。

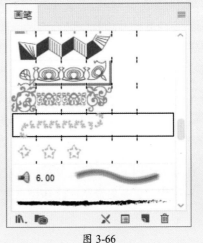

图 3-65　　　　　　　　　　　　　　　图 3-66

3.3　铅笔工具组

使用铅笔工具组中的工具可以绘制具有手绘感的线条，包括"Shaper工具" ✔、"铅笔工具" ✐、"平滑工具" ✐、"路径橡皮擦工具" ✐和"连接工具" ✐5种工具。本节将对这5种工具进行介绍。

3.3.1　Shaper工具

使用"Shaper工具" ✔可以绘制标准的几何图形，也可以简单处理重叠在一起的路径。下面将对其进行介绍。

❶ 绘制图形

选择工具箱中的"Shaper工具" ✔，在画板中绘制几何形状，软件会自动识别得到标准的几何形状，如图3-67和图3-68所示。

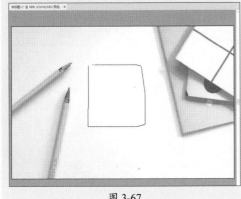

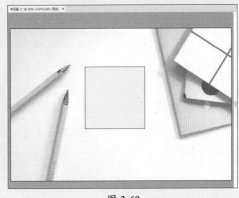

图 3-67　　　　　　　　　　　　　　　图 3-68

到目前为止，使用"Shaper工具"✅仅可绘制三角形、四边形、六边形、正圆、椭圆以及直线等标准几何形状。

2. 处理图像

除了绘制标准几何图形处，用户还可以使用Shaper工具处理重叠的图像。

选中工具箱中的"Shaper工具"✅，在重叠的矢量图形上涂抹，可以得到如下效果：

- 若在单一形状内进行涂抹，那么该区域会被切出。
- 若在重叠形状的相交范围内涂抹，则相交的区域会被切出。
- 若涂抹顶层的重叠部分及非重叠部分，那么顶层形状将会被切出。
- 若从底层非重叠区域涂抹至重叠区域，那么形状将被合并，合并区域颜色为涂抹始点的颜色。
- 若从空白区域涂抹至形状，则涂抹区域被切出。

3.3.2 铅笔工具

"铅笔工具"✏可用于在画板中随意地绘制不规则的线条。绘制时，软件会根据鼠标指针的轨迹自动设定节点，生成路径。

选择工具箱中的"铅笔工具"✏或按N键，切换至铅笔工具，在控制栏中设置合适的描边颜色及粗细，在画板中按住鼠标左键拖动绘制，如图3-69所示。绘制完成后释放鼠标即可看到绘制的线条，如图3-70所示。

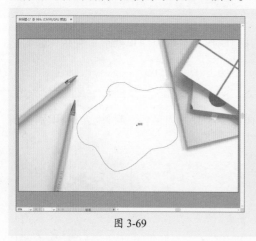

图 3-69

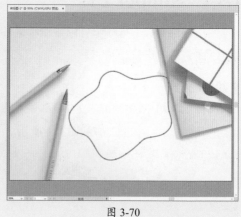

图 3-70

💬 技巧点拨

使用铅笔工具在选中的开放路径上绘制路径时，将改变选中路径的形状，如图3-71和图3-72所示。

图 3-71

图 3-72

若要闭合绘制的路径，需要先选中路径，然后选择"铅笔工具" ，移动鼠标至开放路径端点处，此时鼠标指针变为 ✎ 形状，单击并按住鼠标左键拖动至另一端点处，单击即可。

知识链接　　在使用铅笔工具拖动绘制路径的过程中，移动鼠标指针至起始端点位置，按Alt键，指针变为 ✎ 形状，此时释放鼠标将创建返回原点的最短线段来闭合图形。

3.3.3　平滑工具

使用"平滑工具" ✐ 可以使路径变平滑，且保持原有形状。选中路径，单击工具箱中的"平滑工具" ✐ 按钮，在所选路径上要平滑的部分涂抹，即可使路径变得平滑，如图3-73和图3-74所示。

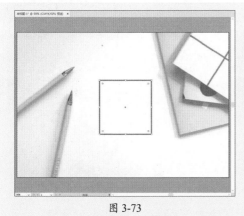

图 3-73

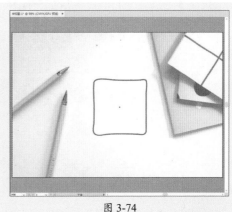

图 3-74

3.3.4　路径橡皮擦工具

使用"路径橡皮擦工具" ✐ 可以擦除矢量对象的路径和锚点。选中要修改的路径对象，如图3-75所示。单击工具箱中的"路径橡皮擦工具" ✐ 按钮，在要擦除的位置上单击并拖动鼠标，即可擦除路径，如图3-76所示。

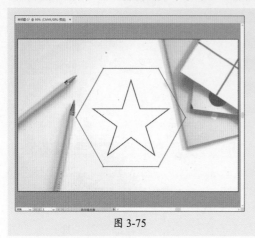 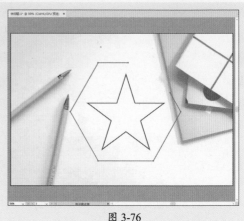

图 3-75 图 3-76

3.3.5 连接工具

使用"连接工具" ✐ 可以将开放的路径连接起来，且会删除多余的路径。

选择工具箱中的"连接工具" ✐ ，在开放路径未接触的位置按住鼠标左键拖动，如图3-77所示，释放鼠标即可将其连接，如图3-78所示。

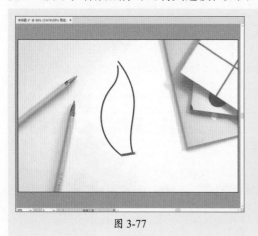 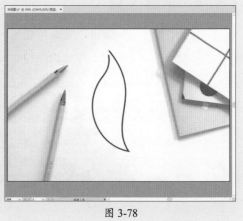

图 3-77 图 3-78

3.4 斑点画笔工具

在使用"斑点画笔工具" ✐ 绘制图形时，若绘制交叉路径，交叉路径会合并。

选择工具箱中的"斑点画笔工具" ✐ 或按Shift+B组合键，切换至斑点画笔工具，在控制栏中设置合适的描边颜色和描边粗细，然后在画板中的合适位置单击并拖动鼠标绘制对象，如图3-79所示。继续绘制新路径，当新的路径与其他路径重叠时，则所有交叉的路径都会合并在一起，如图3-80所示。

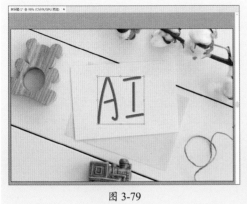

图 3-79

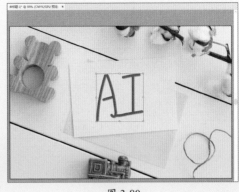

图 3-80

3.5 橡皮擦工具组

橡皮擦工具组包括"橡皮擦工具" ◆、"剪刀工具" ✂ 和"刻刀" ✐3种工具，主要用于擦除与分割对象。本节将针对这3种工具进行详细介绍。

3.5.1 橡皮擦工具

使用"橡皮擦工具" ◆可以擦除矢量对象的部分内容，被擦除的对象将转换为新的路径并自动闭合所擦除的边缘。

在画板中的合适位置绘制一个图像，如图3-81所示。选择工具箱中的"橡皮擦工具" ◆，在绘制图像中拖动即可擦除，如图3-82所示。

图 3-81

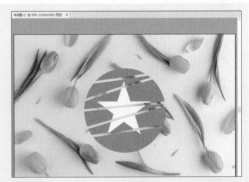

图 3-82

若要擦除图像中的规则区域，可以按住Alt键拖动，即可擦除拖动出的矩形范围内的对象，如图3-83所示。

双击工具箱中的"橡皮擦工具" ◆按钮，可以打开"橡皮擦工具选项"对话框，对笔尖角度、圆度和大小进行设置，如图3-84所示。

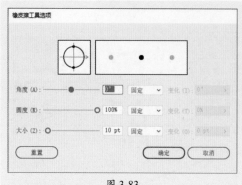
图 3-83

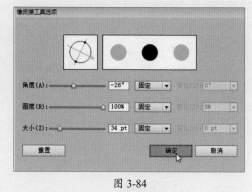
图 3-84

💬 **技巧点拨**

当选中对象后再使用"橡皮擦工具" ◈时，将只擦除选中对象的部分区域。

3.5.2　剪刀工具

使用"剪刀工具" ✂可以对路径或矢量图形进行分割处理。

选中一个矢量图形，单击工具箱中的"剪刀工具" ✂按钮，在路径或锚点处单击，即可打断路径，如图3-85所示，在该对象的另一处路径或锚点上单击，图形即被分割为两个部分，移动后可以清楚地看到分割效果，如图3-86所示。

图 3-85

图 3-86

3.5.3　刻刀工具

"刻刀" ⟋工具可用于剪切路径和矢量对象，该工具使用更为随意，可以按照任意路径分割对象。

选择工具箱中的"刻刀" ⟋，在画板中按住鼠标左键进行拖动，如图3-87所示。就可以将矢量对象分割，如图3-88所示。

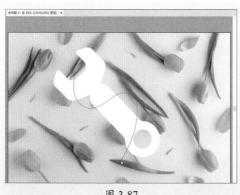

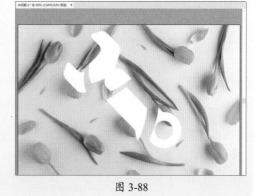

图 3-87   图 3-88

知识链接   使用"刻刀" ✐ 工具时按住Alt键将会以直线分割对象。

3.6 符号工具

符号工具组中包括"符号喷枪工具" 📷、"符号移位器工具" 🐝、"符号紧缩器工具" 🐝、"符号缩放器工具" 🐝、"符号旋转器工具" ◎、"符号着色器工具" 🐝、"符号滤色器工具" ◎、"符号样式器工具" 🐝8种工具。本节将针对这些工具进行介绍。

■ 符号喷枪工具

使用"符号喷枪工具" 📷可以方便、快捷地生成很多相似的图形实例，用户还可以利用符号工具组中的其他工具调整和修饰符号图形的大小、距离、色彩、样式等。

选择工具箱中的"符号喷枪工具" 📷，执行"窗口"|"符号"命令，打开"符号"面板，如图3-89所示。"符号"面板中的图形就是符号，单击即可选择符号。选中符号后，在画板中按住鼠标左键拖动即可在画面中置入符号，释放鼠标就可以看到符号，如图3-90所示。

图 3-89   图 3-90

> **知识链接**　在置入符号时，按住鼠标左键的时间越长，置入的符号就越多。若要删除符号，选择该符号后按Delete键即可。

单击"符号"面板左下角的"符号库菜单"按钮，在弹出的下拉菜单中，用户可以选择更多的符号进行使用。

2. 其他工具

符号工具组中的另外7种工具主要是配合"符号喷枪工具"使用。这7种工具的功能如下。

- **符号移位器工具** ：用于更改画板中符号的位置和堆叠顺序。
- **符号紧缩器工具** ：用于调整画板中符号的密度。
- **符号缩放器工具** ：用于调整画板中符号的大小。
- **符号旋转器工具** ：用于调整画板中符号的角度。
- **符号着色器工具** ：用于改变选中的符号的颜色。
- **符号滤色器工具** ：用于改变选中的符号实例或符号组的透明度。
- **符号样式器工具** ：将指定的图形样式应用到指定的符号实例中。该工具通常和"图形样式"面板结合使用。

> **💬 技巧点拨**
>
> 单击次数越多，注入符号的颜色越浓。若要在上色后恢复符号的原始颜色，可以按住Alt键，在指定的上色符号上单击即可逐渐恢复原始颜色。

3.7 图表工具

在平面设计中，使用图表可以清晰地展示数据。用户可以使用Illustrator中9种不同的图表工具绘制图表，如图3-91所示为Illustrator软件中可用的图表工具。

图 3-91

这9种图表工具的作用分别如下。

● **柱形图工具** ⊪：柱形图可以清晰地展现数据，常用于显示一段时间内的数据变化或显示各项数据之间的比较情况，如图3-92所示。

● **堆积柱形图工具** ⊪：用堆积柱形图工具创建的图表与柱形图类似，但是堆积柱形图是一个个堆积而成的，而柱形图只是一个，如图3-93所示。

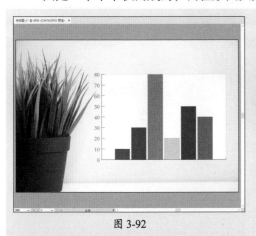

图 3-92

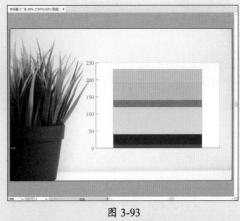

图 3-93

● **条形图工具** ⊫：条形图是横向的柱形，如图3-94所示。

● **堆积条形图工具** ⊫：堆积条形图是水平堆积的效果，如图3-95所示。

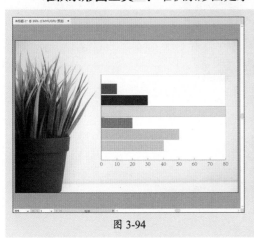

图 3-94

图 3-95

● **折线图工具** ⬉：折线图可以显示随时间而变化的连续数据，适用于显示在相等时间间隔下数据的趋势，如图3-96所示。

● **面积图工具** ⬈：面积图强调数量随时间而变化的程度，与折线图相比，面积图被填充了颜色，如图3-97所示。

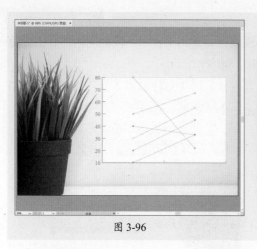

图 3-96

图 3-97

- **散点图工具** 📊：散点图就是数据点在直角坐标系平面上的分布图，如图3-98所示。
- **饼图工具** ◔：饼图可以显示每一部分在整个饼图中所占的百分比，如图3-99所示。

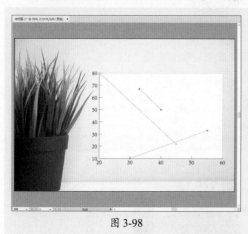

图 3-98

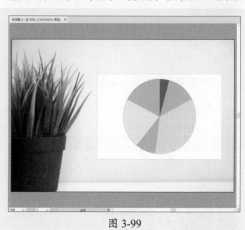

图 3-99

- **雷达图工具** ◉：雷达图常用于财务分析报表中，如图3-100所示。

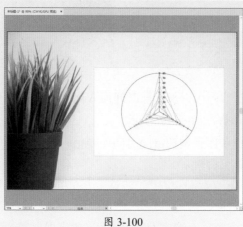

图 3-100

自己练 / 背景插画

案例路径 云盘 \ 实例文件 \ 第3章 \ 自己练 \ 背景插画

项目背景 扁平化插画是最近几年比较流行的艺术形式，在表现形式上简约现代。受某出版社委托，为其即将出版的古诗图册中的《灞陵行送别》一诗设计一款背景插画。该诗为唐代诗人李白所作，为一首送别诗，透露出一种世事浩茫的意味。

项目要求 ①插画背景以落日为元素，表现出苍凉、离别的氛围。

②简约自然，风格统一。

③保留电子稿，便于制作书籍PPT。

④插画尺寸为800像素×1500像素。

项目分析 该幅插画取景自《灞陵行送别》中的"古道连绵走西京，紫阙落日浮云生。正当今夕断肠处，黄鹂愁绝不忍听"。以橘黄色为主色调，通过太阳、山脉展现夕阳效果，给人无限苍凉之感，如图3-101所示。

图 3-101

课时安排 2课时。

Illustrator

Illustrator

第 **4** 章

招贴设计
——编辑矢量图形详解

本章概述

　　绘制图形时，常常需要对图形进行旋转、移动、缩放、变形等操作。在Illustrator软件中，用户可以通过工具或者命令编辑矢量图形，从而得到需要的效果。本章将针对对象的变换以及路径对象的编辑进行讲解。

要点难点

● 对象的变换 ★★★
● 路径对象的编辑 ★★☆

跟我学 西餐厅招贴设计

学习目标 本案例将练习制作西餐厅招贴，使用绘图工具制作招贴背景、装饰，对绘制的对象进行旋转、复制等操作，得到需要的效果，再使用文字工具添加文字。通过本实例，可以了解如何旋转对象、变换对象、再次变换对象，学会编辑路径对象、使用路径查找器等。

案例路径 云盘\实例文件\第4章\跟我学\西餐厅招贴设计

步骤 01 执行"文件"|"新建"命令，打开"新建文档"对话框，在该对话框中设置参数，如图4-1所示。设置完成后单击"创建"按钮，新建一个508mm×762mm的空白文档。

图 4-1

步骤 02 使用"矩形工具" ▇在画板中绘制一个与画板等大的矩形，并在控制栏中设置填充色为橙色（C:0，M:35，Y:85，K:0），如图4-2所示。

步骤 03 使用"直线段工具" ╱在画板中的合适位置绘制直线段，如图4-3所示。

图 4-2   图 4-3

步骤 04 选中绘制的线段,按R键切换至"旋转工具" ↻,按住Alt键移动旋转中心点至线段左下方端点处,弹出"旋转"对话框,设置"角度"为10°,如图4-4所示。设置完成后单击"复制"按钮,复制并旋转对象。

步骤 05 使用"钢笔工具"连接线段,使之闭合,并在控制栏中设置填充色为浅橙色(C:2,M:21,Y:44,K:0),如图4-5所示。

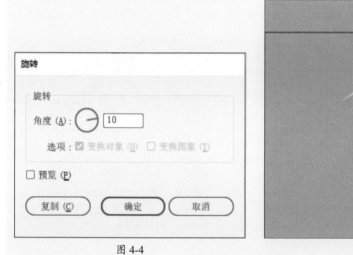

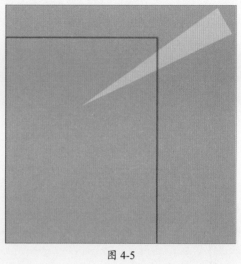

图 4-4   图 4-5

步骤 06 选中浅橙色对象,按R键切换至"旋转工具" ↻,按住Alt键移动旋转中心点至对象左下方端点处,弹出"旋转"对话框,设置"角度"为20°,如图4-6所示。设置完成后单击"复制"按钮,复制并旋转对象。

步骤 07 按Ctrl+D组合键再次变换对象,如图4-7所示。

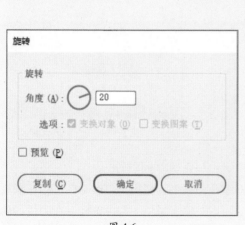

图 4-6   图 4-7

步骤 08 重复操作，直至对象旋转一周，如图4-8所示。

步骤 09 使用"矩形工具" ▢在画板中绘制一个与画板等大的矩形，选中所有对象，右击鼠标，在弹出的快捷菜单中选择"建立剪切蒙版"命令，创建剪切蒙版，效果如图4-9所示。

图 4-8　　　　　　　　　　　图 4-9

步骤 10 使用"椭圆工具" ⬭在画板底部按住Shift键绘制正圆，如图4-10所示。

步骤 11 使用相同的方法继续绘制正圆，效果如图4-11所示。

图 4-10　　　　　　　　　　　图 4-11

步骤 12 使用"矩形工具" ▢在画板底部绘制矩形，如图4-12所示。

步骤 13 选中绘制的矩形与正圆，按Ctrl+G组合键编组。使用"矩形工具" ▢在画板中绘制一个与画板等大的矩形，选中新绘制的矩形与编组对象，右击鼠标，在弹出的快捷菜单中选择"建立剪切蒙版"命令，创建剪切蒙版，效果如图4-13所示。

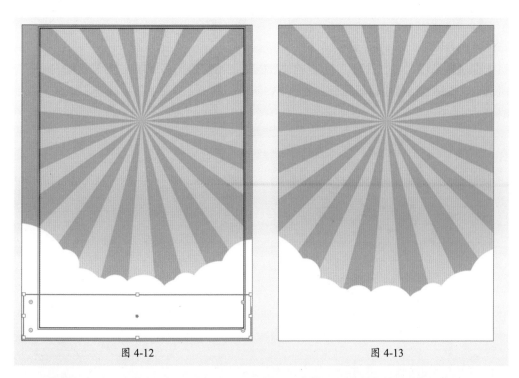

图 4-12   图 4-13

步骤 14 使用"文字工具"在画板中单击并输入文字，在控制栏中设置文字字体为"仓耳渔阳体"，字重为W05，字号为120pt，如图4-14所示。

步骤 15 按V键切换至"选择工具" ▶，选中文字，将其旋转，如图4-15所示。

图 4-14   图 4-15

步骤16 选中文字，右击鼠标，在弹出的快捷菜单中选择"创建轮廓"命令，将文字路径转换为轮廓，如图4-16所示。

步骤17 选中文字，执行"对象"|"路径"|"偏移路径"命令，打开"偏移路径"对话框，在该对话框中设置参数，如图4-17所示。设置完成后单击"确定"按钮，偏移路径。

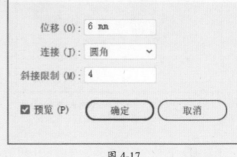

图 4-16   图 4-17

步骤18 此时默认选中偏移后的路径，执行"窗口"|"路径查找器"命令，打开"路径查找器"面板，单击该面板中的"联集" ▪ 按钮，合并偏移对象，如图4-18所示。

步骤19 取消选择，双击偏移路径进入编组隔离模式，设置合并对象颜色为白色，上层文字路径为橙色（C:0，M:35，Y:85，K:0），在空白处双击退出编组隔离模式，效果如图4-19所示。

图 4-18   图 4-19

步骤 20 选中文字编组对象，单击工具箱中的"自由变换工具" 按钮，在弹出的隐藏工具列表中选择"自由扭曲" ，调整文字变形，效果如图4-20所示。

步骤 21 使用相同的方法，继续创建文字并设置偏移路径，如图4-21所示。

图 4-20

图 4-21

步骤 22 使用"钢笔工具"绘制图形装饰，并填充白色，如图4-22所示。

步骤 23 在画板中输入文字，并对部分文字进行变形，如图4-23所示。

图 4-22

图 4-23

步骤 24 执行"文件"│"置入"命令，置入本章素材文件，如图4-24所示。

步骤 25 使用"椭圆工具" ◯ 在画板中绘制与盘子等大的圆形，如图4-25所示。

图 4-24

图 4-25

步骤 26 选中置入的素材文件与圆形，右击鼠标，在弹出的快捷菜单中选择"建立剪切蒙版"命令，创建剪切蒙版，效果如图4-26所示。

至此，完成西餐厅招贴的设计。

图 4-26

4.1 对象的变换 //

对象的变换包括对文档中的对象进行移动、旋转、镜像、缩放、倾斜、自由变换、封套扭曲变形、形状生成等操作。用户可以使用Illustrator软件中的命令或工具实现这些操作。

4.1.1 移动对象

使用"选择工具" ▶ 选中需要移动的对象，按住鼠标左键并拖动，即可将其移动。也可选中对象，按键盘上的"↑""↓""←""→"方向键微调位置。

用户也可以选中要移动的对象，执行"对象"|"变换"|"移动"命令或按Shift+Ctrl+M组合键，打开"移动"对话框，在该对话框中可以精确设置移动的距离、角度等参数，如图4-27所示。

图 4-27

知识链接

在移动对象的同时按住Alt键，可以复制相应对象。

4.1.2 旋转对象

选中要旋转的对象，单击工具箱中的"旋转工具" ↻ 或按R键，切换至旋转工具，此时鼠标指针变为⊹形状，在画板中按住鼠标左键拖动即可旋转对象，如图4-28所示。

用户也可以移动旋转中心点，改变旋转中心，改变后旋转对象效果如图4-29所示。

图 4-28　　　　　　　　　　　　　图 4-29

执行"对象"｜"变换"｜"旋转"命令，打开"旋转"对话框，如图4-30所示。在该对话框中可以精确地设置旋转对象的旋转参数，设置完成后，单击"复制"按钮可以旋转并复制对象，如图4-31所示。

图 4-30　　　　　　　　　　　　　图 4-31

知识链接　　　选中对象后，选择"旋转工具" ↻，按住Alt键单击旋转中心点，也可打开"旋转"对话框进行设置。

4.1.3　镜像对象

使用"镜像工具" ▷◁ 可以使所选择的对象沿镜像轴进行翻转。

选中需要镜像的对象，如图4-32所示，选择工具箱中的"镜像工具" ▷◁，在画板中单击，如图4-33所示。然后移动鼠标至合适位置继续单击，即可以这两点之间的连线为镜像轴翻转对象。

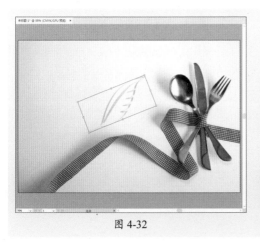
图 4-32

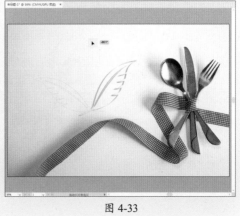
图 4-33

执行"对象"|"变换"|"对称"命令或双击工具箱中的"镜像工具" ▷◁ 按钮，打开"镜像"对话框，如图4-34所示。在该对话框中可以精确地设置镜像参数，设置完成后，单击"复制"按钮可以镜像并复制对象，如图4-35所示。

图 4-34

图 4-35

4.1.4 比例缩放工具

使用"比例缩放工具" 🔲可以在不改变对象基本形状的状态下，改变对象的水平和垂直尺寸。

选择需要缩放的对象，选择工具箱中的"比例缩放工具" 🔲或按S键，切换至比例缩放工具，在画板中拖动鼠标即可将对象按比例缩放，如图4-36所示。

执行"对象"|"变换"|"缩放"命令或双击工具箱中的"比例缩放工具" 🔲按钮，打开"比例缩放"对话框，如图4-37所示。在该对话框中可以精确地设置缩放参数，设置完成后，单击"复制"按钮可以缩放并复制对象。

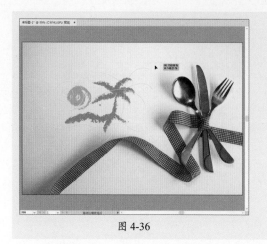

图 4-36   图 4-37

"比例缩放"对话框中部分参数的作用如下。

● **等比**：选中"等比"单选按钮，可以控制等比缩放的百分比。

● **不等比**：选中"不等比"单选按钮，可以设置水平和垂直的百分比。

● **比例缩放描边和效果**：选中"比例缩放描边和效果"复选框，可随对象一起对描边路径以及任何与大小相关的效果进行缩放。

4.1.5 倾斜对象

使用"倾斜工具" 可以使对象产生水平或垂直方向的倾斜效果。

选中需要倾斜的对象，选择工具箱中的"倾斜工具" ，按住鼠标左键拖动，即可倾斜所选对象，如图4-38所示。

执行"对象"|"变换"|"倾斜"命令或双击工具箱中的"倾斜工具" 按钮，打开"倾斜"对话框，如图4-39所示。在该对话框中可以精确地设置倾斜参数，设置完成后，单击"复制"按钮可以倾斜并复制对象。

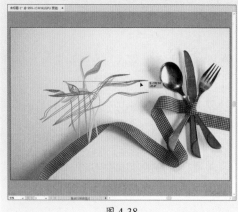

图 4-38   图 4-39

"倾斜"对话框中部分参数的作用如下。

- **倾斜角度：** 设置对象倾斜的角度。
- **轴：** 选中"水平"单选按钮，对象可以水平倾斜；选中"垂直"单选按钮，对象可以垂直倾斜；选中"角度"单选按钮，可以调节倾斜的角度。
- **选项：** 该选项只有在对象填充了图案时才能被激活。选择变换对象时，只能倾斜对象；选择变换图案时，对象中填充的图案将会随着对象一起倾斜。

在拖动鼠标时，按住Shift键，可以以45°的角度进行倾斜。

4.1.6　再次变换对象

执行"对象"|"变换"|"再次变换"命令或按Ctrl+D组合键，可以使对象沿上次变换效果进行变换。

选中画板中的图形对象，如图4-40所示。使用"旋转工具"⟳将其旋转90°，如图4-41所示。执行"对象"|"变换"|"再次变换"命令或按Ctrl+D组合键，可以看到卡通形象又被旋转90°，如图4-42所示。

图 4-40

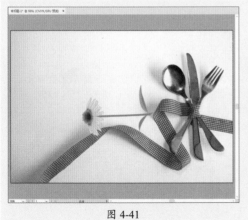

图 4-41

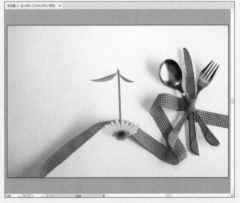

图 4-42

4.1.7　分别变换对象

使用"分别变换"命令可以将所选的多个对象按照各自的中心点进行变换。

选择画板中的多个对象，如图4-43所示。执行"对象"|"变换"|"分别变换"命令或按Alt+Shift+Ctrl+D组合键，打开"分别变换"对话框，如图4-44所示。在该对话框中可以对变换参数进行设置。

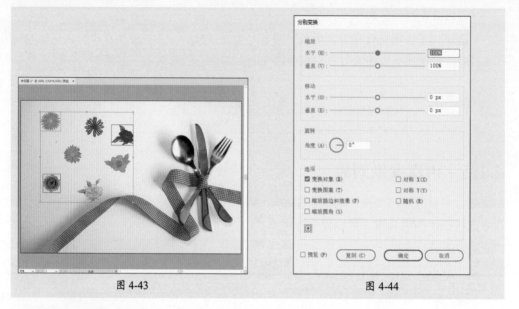

图 4-43   图 4-44

4.1.8 整形工具

使用"整形工具" 🖛 可以通过非常简单的操作使对象产生变形的效果。使用"直接选择工具" ▷选中一段路径，如图4-45所示。选择工具箱中的"整形工具" 🖛，在路径上单击添加锚点，拖动锚点可将路径变形，如图4-46所示。

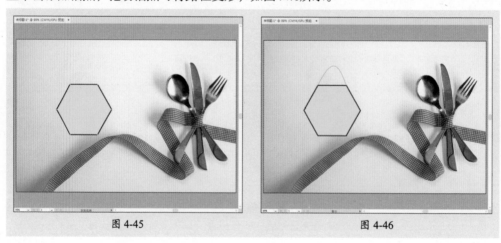

图 4-45   图 4-46

4.1.9 自由变换

使用"自由变换工具" ⊨可以对图像进行透视、变形以及自由扭曲等操作。

选中需要变换的对象，选择工具箱中的"自由变换工具"，弹出隐藏的工具列表，如图4-47所示。在隐藏工具列表中选择需要的工具即可在画板中对图像进行相应的操作，如图4-48所示。

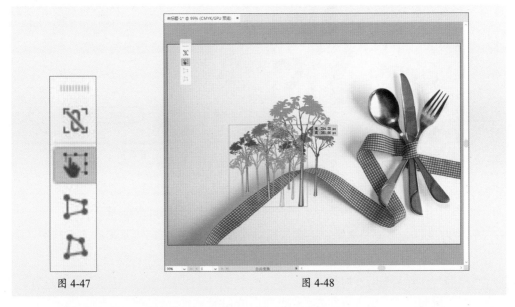

图 4-47   图 4-48

"自由变换工具"隐藏工具列表中各工具的作用如下。

- **限制**：限制变换的程度。缩放只能等比例缩放；旋转会按45°角倍增旋转；倾斜只能沿水平或垂直方向倾斜。
- **自由变换**：可对选中的对象进行缩放、旋转、移动、倾斜等操作。
- **透视扭曲**：用于变换图像产生透视效果。
- **自由扭曲**：自由扭曲变换对象。

4.1.10 封套扭曲变形

封套扭曲变形包括"用变形建立""用网格建立"和"用顶层对象建立"3种方式。通过封套扭曲变形，可以对矢量图形以及位图对象进行变形操作。本节将对此进行介绍。

1. 用变形建立

"用变形建立"命令是通过特定的样式变形对象。选择画板中的对象，如图4-49所示。执行"对象"|"封套扭曲"|"用变形建立"命令，或按Alt+Ctrl+Shift+W组合键，打开"变形选项"对话框，如图4-50所示。在该对话框中可以设置参数变形选中的对象。

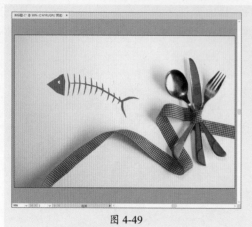

图 4-49

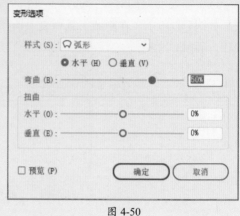

图 4-50

"变形选项"对话框中各选项的作用如下。

- **样式**：在该下拉列表中选择不同的选项，可以定义不同的变形样式。
- **水平/垂直**：选中"水平"单选按钮时，对象扭曲的方向为水平方向；选中"垂直"单选按钮时，对象扭曲的方向为垂直方向。
- **弯曲**：控制文本的弯曲程度。
- **水平扭曲**：控制水平方向透视扭曲变形的程度。
- **垂直扭曲**：控制垂直方向透视扭曲变形的程度。

2. 用网格建立

"用网格建立"命令是通过网格调整对象变形，执行该命令后，会自动为选中对象添加网格。

选中画板中的对象，执行"对象"|"封套扭曲"|"用网格建立"命令，或按Alt+Ctrl+M组合键，打开"封套网格"对话框，在该对话框中可以设置封套网格的行数与列数，如图4-51所示。设置完成后单击"确定"按钮，即可为对象添加封套网格，使用"直接选择工具" ▷，选中并拖动网格点即可对对象进行变形，如图4-52所示。

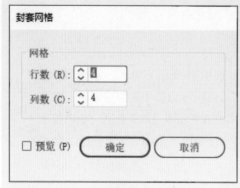

图 4-51

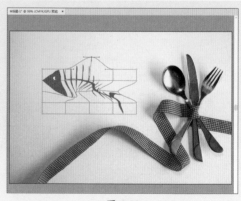

图 4-52

3 用顶层对象建立

"用顶层对象建立"命令是以顶层对象为基本轮廓，变换底层对象的形状。顶层对象需为矢量对象，底层对象可以是矢量对象或位图对象。

选择两个对象，如图4-53所示。执行"对象"|"封套扭曲"|"用顶层对象建立"命令，或按Alt+Ctrl+C组合键，顶层对象会被隐藏，底层对象会产生扭曲效果，如图4-54所示。

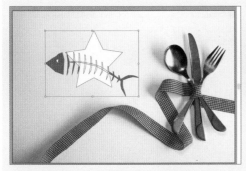 

图 4-53　　　　　　　　　　　图 4-54

4.2　编辑路径对象

创建路径后，可以对其进行编辑修改，以达到需要的效果。除了使用"直接选择工具"外，用户还可以通过"路径"命令、"路径查找器"面板、"形状生成器工具"等编辑路径对象。本节将对此进行详细介绍。

4.2.1　连接

"连接"命令既可以将开放的路径闭合，也可以将多个路径连接在一起。选中要连接在一起的路径，如图4-55所示。执行"对象"|"路径"|"连接"命令，或按Ctrl+J组合键，即可将路径连接，如图4-56所示。

图 4-55　　　　　　　　　　　图 4-56

4.2.2　平均

使用"平均"命令可以将所选对象的锚点排列在同一条水平线或垂直线上。选中画板中的矢量对象，执行"对象"|"路径"|"平均"命令，或按Ctrl+Alt+J组合键，打开"平均"对话框，如图4-57所示。在该对话框中设置参数，完成后单击"确定"按钮，即可按照设置调整对象锚点。如图4-58所示为选中"水平"单选按钮的效果。

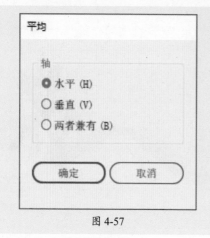

图 4-57　　　　　　　　　　　　　　　　图 4-58

4.2.3　轮廓化描边

描边的对象是依附于路径存在的，执行"轮廓化描边"命令后可以将路径转换为独立的填充对象。

选中描边路径，如图4-59所示。执行"对象"|"路径"|"轮廓化描边"命令，即可将路径转换为描边。选中对象，右击鼠标，在弹出的快捷菜单中选择"取消编组"命令，取消编组，选中描边部分拖动，可以看到描边部分被转换为轮廓，且可以独立设置填充和描边内容，如图4-60所示。

图 4-59　　　　　　　　　　　　　　　　图 4-60

4.2.4 偏移路径

使用"偏移路径"命令可使路径的位置扩大或收缩。

选中画板中的对象,执行"对象"|"路径"|"偏移路径"命令,打开"偏移路径"对话框,如图4-61所示。在该对话框中设置参数,完成后单击"确定"按钮,即可使路径发生相应的改变,如图4-62所示。

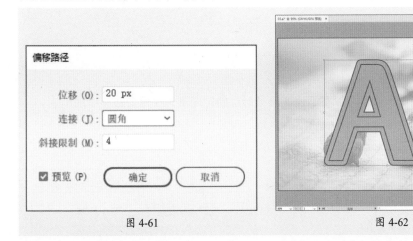

图 4-61   图 4-62

4.2.5 简化

使用"简化"命令可以删除路径中多余的锚点,减少路径上的细节。

选择路径,执行"对象"|"路径"|"简化"命令,打开"简化"对话框,如图4-63所示。

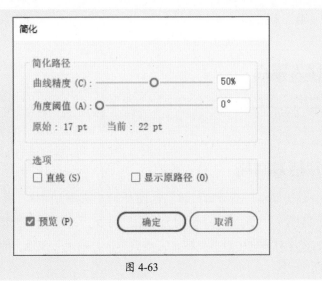

图 4-63

"简化"对话框中部分选项的作用如下。

- **曲线精度：** 简化路径与原始路径的接近程度。越高的百分比创建越多点，并且曲线精度越接近。
- **角度阈值：** 控制角的平滑度。如果角点的角度小于角度阈值，将不更改该角点。
- **直线：** 在对象的原始锚点间创建直线。如果角点的角度大于角度阈值中设置的值，将删除角点。
- **显示原路径：** 显示简化路径背后的原路径。

4.2.6 添加锚点

使用"添加锚点"命令可以在不改变路径形态的情况下，快速为路径添加锚点。

选择画板中的对象，如图4-64所示。执行"对象"|"路径"|"添加锚点"命令，即可快速而均匀地在路径上添加锚点，如图4-65所示。

图 4-64   图 4-65

4.2.7 移去锚点

选中需要删除的锚点，执行"对象"|"路径"|"移去锚点"命令，即可删除所选锚点。

4.2.8 分割为网格

使用"分割为网格"命令可以将封闭路径对象转换为网格。选中要分割为网格的路径，执行"对象"|"路径"|"分割为网格"命令，打开"分割为网格"对话框，如图4-66所示。在该对话框中设置参数，完成后单击"确定"按钮，即可将选中对象分割为网格，如图4-67所示。

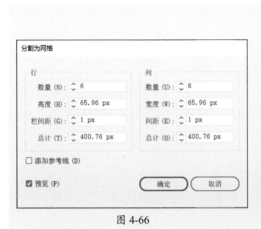

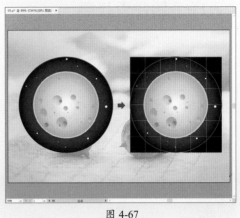

图 4-66 图 4-67

"分割为网格"对话框中部分参数的作用如下。

● **数量**：用于定义对应的行或列的数量。

● **高度**：用于定义每一行/列的高度。

● **栏间距**：用于定义行/列之间的距离。

● **总计**：用于定义网格整体的尺寸。

● **添加参考线**：选中该复选框时，将按照相应的表格自动定义参考线。

4.2.9 清理

"清理"命令常用于快速删除文档中的游离点、未上色对象以及空文本路径。执行"对象"|"路径"|"清理"命令，打开"清理"对话框，如图4-68所示。在该对话框中选中要删除的对象，单击"确定"按钮，即可将选中的对象删除。

图 4-68

"清理"对话框中各选项的作用如下。

● **游离点**：选中该复选框，将删除没有使用的独立的锚点对象。

● **未上色对象**：选中该复选框，将删除没有填充和描边颜色的路径对象。

● **空文本路径**：选中该复选框，将删除没有任何文字的文本路径对象。

4.2.10　路径查找器

　　用户可以使用"路径查找器"面板对重叠的对象进行指定的运算，得到复杂路径，从而形成新的图形。图形设计、标志设计经常用到该面板。

　　选中画板中的图形对象，如图4-69所示。执行"窗口"|"路径查找器"命令或按Shift+Ctrl+F9组合键，打开"路径查找器"面板，如图4-70所示。在该面板中单击不同的按钮，即可实现相应的效果。

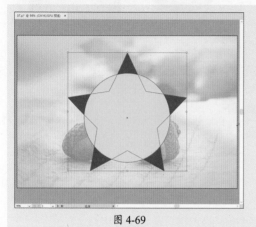

图 4-69

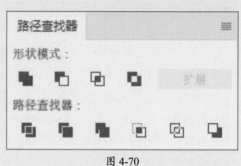

图 4-70

　　"路径查找器"面板中不同按钮的作用如下。

　　● **联集**▣：合并选中的对象并以顶层图形的颜色填充合并后的图形，如图4-71所示。

　　● **减去顶层**▣：从最底层的对象中减去上层对象，如图4-72所示。

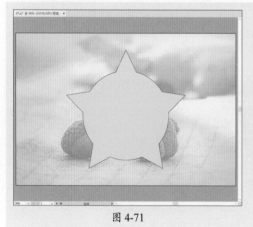

图 4-71

图 4-72

　　● **交集**▣：保留对象重叠区域轮廓，如图4-73所示。

　　● **差集**▣：保留对象未重叠区域轮廓，如图4-74所示。

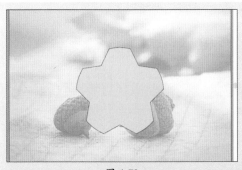

图 4-73   图 4-74

● **分割** ：将一份图稿分割为若干个填充表面。将图形分割后，可以将其取消编组查看分割效果，如图4-75所示。

● **修边**：删除已填充对象被隐藏的部分，会删除所有描边且不会合并相同颜色的对象。将对象修边后，取消编组可以查看修边效果，如图4-76所示。

图 4-75   图 4-76

● **合并**：删除已填充对象被隐藏的部分，且会合并具有相同颜色的相邻或重叠的对象，如图4-77所示。

● **裁剪**：将图稿分割为作为其构成部分的填充表面，然后删除图稿中所有落在最上方对象边界之外的部分，还会删除所有描边，如图4-78所示。

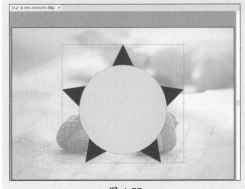
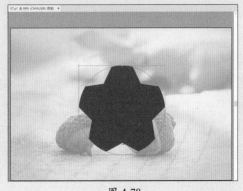

图 4-77   图 4-78

● **轮廓** ：将对象分割为其组件线段或边缘，如图4-79所示。

图 4-79

● **减去后方对象** ：从最前面的对象中减去后面的对象，如图4-80所示。

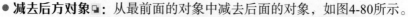

图 4-80

4.2.11　形状生成器工具

"形状生成器工具" 可以将多个简单图形合并为一个复杂的图形，也可以分离、删除重叠的形状，快速生成新的图形。

选中画板中的矢量对象，单击工具箱中的"形状生成器工具" 按钮，移动鼠标指针至图形的上方，此时鼠标指针变为 形状，鼠标指针所在位置的图形上出现特殊阴影，如图4-81所示。在图形上方拖动鼠标，如图4-82所示。释放鼠标即可看到一个新的图形，如图4-83所示。

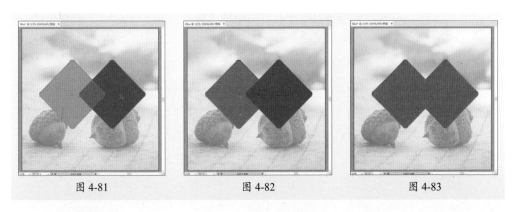

| 图 4-81 | 图 4-82 | 图 4-83 |

　　如果要删除图形，可以按住Alt键，此时鼠标指针变为▶形状，如图4-84所示。在需要删除的位置单击即可将其删除，如图4-85所示。如果需要连续删除，可以按住鼠标左键拖动进行删除，如图4-86所示。

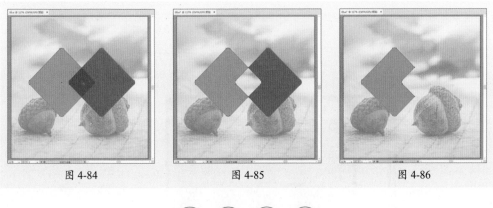

| 图 4-84 | 图 4-85 | 图 4-86 |

读 书 笔 记

自己练 / 室外导向设计

案例路径 云盘 \ 实例文件 \ 第4章 \ 自己练 \ 室外导向设计

项目背景 导向设计是指生活环境中处处可见的室外导向标牌的设计，它可以为人们提供最直观、最快速的方向指引。悦和国际广场是一座新建成的商业广场，受该广场商管部委托，为其设计一款室外导向设计，以便更好地引导顾客。

项目要求 ①字体、颜色的使用简洁大方，可以让人一目了然。

②避免使人产生模棱两可的视觉导向。

③导向标牌尺寸为5000mm×880mm×300mm。

项目分析 整个导向设计颜色以暗蓝色和灰色为主，字体的颜色和导向箭头的颜色都采用了暗蓝色，简洁明了地指明了悦和国际广场的方向，重点突出，简洁大方；使用镂空设计，增强空间立体感，提升导向设计的视觉丰富度，如图4-87所示。

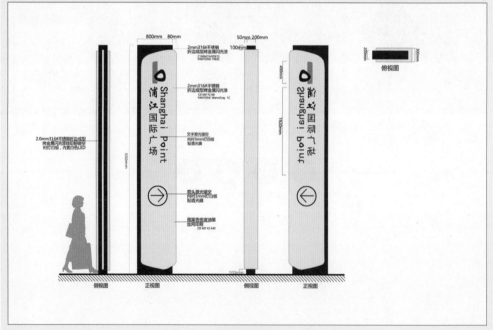

图 4-87

课时安排 2课时。

Illustrator

第 **5** 章

宣传海报设计
——对象编辑详解

本章概述

在Illustrator软件中,用户可以通过对象变形工具、混合工具等制作特殊的效果,也可以通过命令管理对象。本章将针对对象的编辑进行介绍。通过本章的学习,可以帮助用户了解变形工具、混合工具的使用方法,学会更好地管理对象。

要点难点

- 对象变形工具的使用 ★★☆
- 混合工具的使用 ★☆☆
- 对象的管理 ★★☆

跟我学 环境保护宣传海报 ///////////////////////////

学习目标 本案例将练习设计一张以环境保护为主题的宣传海报，使用矩形工具和"渐变"面板制作海报背景，通过置入素材文件以及添加文字填充海报，使用对象变形工具以及混合工具丰富画面效果。通过本实例，可以了解变形工具和混合工具的使用，学会如何管理对象，得到需要的效果。

案例路径 云盘\实例文件\第5章\跟我学\环境保护宣传海报

步骤01 执行"文件"|"新建"命令，新建一个210mm×297mm的空白文档。使用"矩形工具"▫在画板中绘制一个与画板等大的矩形，如图5-1所示。

步骤02 选中绘制的矩形，执行"窗口"|"渐变"命令，打开"渐变"面板，单击"渐变"▫按钮，赋予选中对象默认的渐变颜色，如图5-2所示。

图 5-1

图 5-2

步骤03 双击"渐变"面板中的"渐变滑块"🔲，调整颜色为绿色（C:67，M:7，Y:68，K:0）到浅绿色（C:54，M:7，Y:68，K:0）的渐变，使用"渐变工具"▫在画板中拖动设置渐变，效果如图5-3所示。

步骤04 使用"矩形工具"▫在画板中绘制190mm×277mm的矩形，在控制栏中设置其描边为白色，粗细为2pt，设置为虚线，效果如图5-4所示。

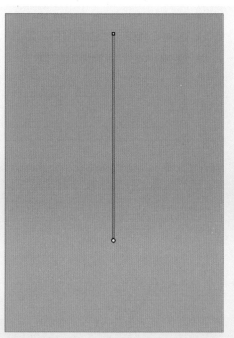

图 5-3

图 5-4

知识链接　　若双击"渐变滑块" ⬚ 后弹出的面板中只有灰度色，用户可以单击右上角的菜单
⬚ 按钮，选择CMYK颜色模式。

步骤 05 执行"文件"|"置入"命令，
置入本章素材文件，并调整至合适位置与
大小，如图5-5所示。按Ctrl+A组合键选
中所有对象，按Ctrl+2组合键锁定选中的
对象。

步骤 06 使用"文字工具" T 在画板中
的合适位置单击并输入文字，在控制栏中
设置其字体为"站酷快乐体2016"，字号
为100pt，如图5-6所示。

步骤 07 选中输入的字体，右击鼠标，
在弹出的快捷菜单中选择"创建轮廓"命
令，将文字路径转换为轮廓，在控制栏中
设置颜色为浅绿色（C:22，M:0，Y:60，
K:0），如图5-7所示。

图 5-5

图 5-6

图 5-7

步骤 08 使用"自由变换工具" ▯调整文字变形,效果如图5-8所示。

步骤 09 选中文字,按Ctrl+C组合键复制,按Ctrl+F组合键贴在前面,在控制栏中设置文字填充为白色,描边为深绿色(C:90,M:30,Y:95,K:30),粗细为1pt,效果如图5-9所示。按Ctrl+2组合键锁定复制文字。

步骤 10 选中文字,按Ctrl+C组合键复制,按Ctrl+B组合键贴在后面,在控制栏中设置文字填充为深绿色(C:90,M:30,Y:95,K:30),调整底层文字的位置与大小,效果如图5-10所示。

步骤 11 双击工具箱中的"混合工具" ▯,在弹出的"混合选项"对话框中设置参数,如图5-11所示。设置完成后单击"确定"按钮。

图 5-8

步骤 12 在文字上依次单击，创建混合，如图5-12所示。

图 5-9

图 5-10

图 5-11

图 5-12

步骤 13 选择"文字工具"**T**，在画板中的合适位置输入文字，在控制栏中设置字体为"仓耳渔阳体"，字重为W01，字号为14pt，效果如图5-13所示。

步骤14 使用相同的方法，输入其他文字，如图5-14所示。

图 5-13

图 5-14

步骤15 使用"矩形工具"▢，在画板中绘制矩形，如图5-15所示。

步骤16 在矩形上添加文字，如图5-16所示。

图 5-15

图 5-16

步骤17 使用"椭圆工具"○，在画板中的合适位置按住Shift键绘制正圆，设置其填充为渐变，描边为白色，如图5-17所示。

步骤18 双击"晶格化工具"▟按钮，在弹出的"晶格化工具选项"对话框中设置参数，如图5-18所示。设置完成后单击"确定"按钮。

图 5-17

图 5-18

 步骤 19 移动鼠标指针至圆形上，单击并拖动鼠标，使圆形产生推拉延伸的变形，如图5-19所示。

步骤 20 在变形对象上添加文字，效果如图5-20所示。

图 5-19

图 5-20

至此，完成环境保护宣传海报的设计。

听我讲 Listen to me

5.1　对象变形工具 //

　　用户可以通过工具使图形对象产生变形、扭曲、膨胀、晶格化等效果。Illustrator软件中提供了一组专门的对象变形工具，如图5-21所示。本节将对该组工具进行介绍。

图 5-21

5.1.1　宽度工具

　　使用"宽度工具" ⚞可以调整路径上描边的宽度。

　　选中矢量对象，单击工具箱中的"宽度工具" ⚞按钮，移动鼠标指针至路径上，单击，鼠标指针变为▸形状，如图5-22所示。按住鼠标左键拖动，即可调整描边宽度，如图5-23所示。调整后效果如图5-24所示。

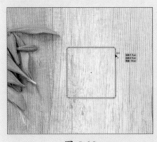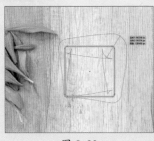

图 5-22　　　　　　　　　　　图 5- 23　　　　　　　　　　　图 5-24

5.1.2　变形工具

　　使用"变形工具" ■可以使矢量对象按照鼠标移动的方向产生自然的变形效果。

　　选中需要调整的对象，如图5-25所示。单击工具箱中的"变形工具" ■或按Shift+R组合键，切换至变形工具，在选中对象上按住鼠标左键拖动，即可使对象变形，如图5-26所示。

图 5-25

图 5-26

用户还可以双击"变形工具" ，打开"变形工具选项"对话框对变形工具进行设置，如图5-27所示。

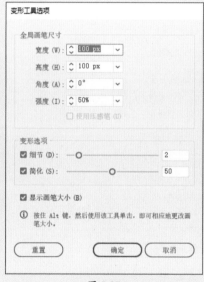

图 5-27

💬 **技巧点拨**

按住Alt键拖动鼠标可以快速调整变形工具的笔尖大小，按住Shift键拖动鼠标可以等比调整变形工具的笔尖大小。

5.1.3 旋转扭曲工具

使用"旋转扭曲工具" 🐚 可以在矢量对象上产生旋转的扭曲变形效果。

选择工具箱中的"旋转扭曲工具" 🐚 ，在要变形的对象上方按住鼠标左键，即可使图形发生扭曲变化，如图5-28所示。按住鼠标左键的时间越长，扭曲的程度越强，如图5-29所示。

图 5-28   图 5-29

技巧点拨

默认情况下，使用"旋转扭曲工具" 📮进行扭曲的效果为逆时针扭曲，双击该工具图标，打开"旋转扭曲工具选项"对话框，在该对话框中可以更改旋转方向。如图5-30所示为"旋转扭曲工具选项"对话框。

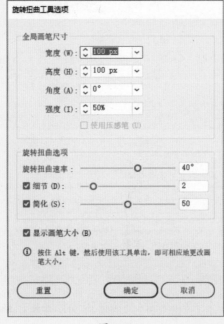

图 5-30

5.1.4　缩拢工具

"缩拢工具" ❀可以使矢量对象产生向内收缩的变形效果。

选择工具箱中的"缩拢工具" ❀，在要收缩的对象上按住鼠标左键，即可使图像发生收缩变化，如图5-31所示。按住鼠标左键的时间越长，收缩的程度越强，如图5-32所示。

图 5-31

图 5-32

5.1.5 膨胀工具

使用"膨胀工具" 可以使矢量对象产生膨胀的效果。

选择矢量对象，使用"膨胀工具" 在图形上按住鼠标左键，即可使图像发生膨胀变形，如图5-33所示。按住鼠标左键的时间越长，膨胀变形的程度就越强，如图5-34所示。

图 5-33

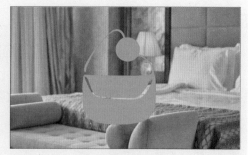

图 5-34

5.1.6 扇贝工具

使用"扇贝工具" 可以使矢量对象产生锯齿变形效果。

选择工具箱中的"扇贝工具" ，在要变形的对象上按住鼠标左键，即可使对象发生扇贝变形的效果，如图5-35所示。按住鼠标左键的时间越长，变形效果越强，如图5-36所示。

图 5-35

图 5-36

5.1.7 晶格化工具

使用"晶格化工具" 可以使矢量对象产生推拉延伸的变形效果。

选择工具箱中的"晶格化工具" ，在对象上按住鼠标左键，所选图形即会发生晶格化变化，如图5-37所示。按住鼠标左键的时间越长，变形效果越强，如图5-38所示。

图 5-37   图 5-38

5.1.8 皱褶工具

使用"皱褶工具" 可以使矢量对象的边缘处产生褶皱变形效果。

选择工具箱中的"皱褶工具" ，在对象上按住鼠标左键，即可使对象边缘发生褶皱变形，如图5-39所示。按住鼠标左键的时间越长，变形效果越强，如图5-40所示。

图 5-39   图 5-40

5.2 混合工具

使用"混合工具" 可以使多个矢量对象生成一系列的中间对象。用户不仅可以混合图形，还可以混合颜色。下面将对此进行介绍。

5.2.1 创建混合

创建混合的方式有"混合工具" 和"混合"命令两种。

选择工具箱中的"混合工具" ，在要进行混合的多个对象上分别单击，即可创建混合，如图5-41和图5-42所示。用户也可以选中需要混合的对象，执行"对象"|"混合"|"建立"命令，或按Alt+Ctrl+B组合键，创建混合。

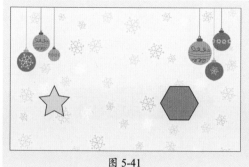

图 5-41

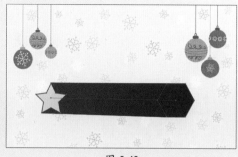

图 5-42

选择画板中的混合对象，在两个原始对象之间有一段线段，这个线段叫作混合轴，如图5-43所示。默认情况下，混合轴为一条直线。混合轴像路径一样，可以使用钢笔工具组中的工具和直接选择工具进行调整，调整后混合对象的排列也发生了相应的变换，如图5-44所示。

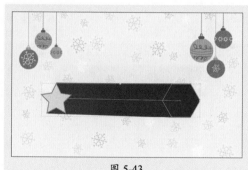

图 5-43

图 5-44

用户还可以使用其他复杂路径替换混合轴。在画板中绘制一段路径，使用"选择工具" 同时选中路径和要混合的对象，如图5-45所示。执行"对象"|"混合"|"替换混合轴"命令，即可用所选路径替换混合轴，如图5-46所示。

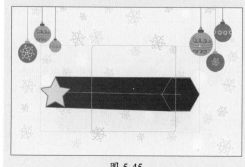

图 5-45

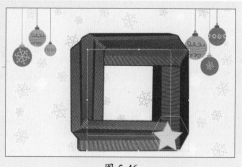

图 5-46

混合对象的混合轴可以反向。选择画板中的混合对象，如图5-47所示。执行"对象"|"混合"|"反向混合轴"命令，即可翻转混合轴，改变混合顺序，效果如图5-48所示。

图 5-47　　　　　　　　　　　　　　　图 5-48

混合对象具有堆叠顺序，用户可以根据需要选择适合的堆叠顺序。选择画板中的混合对象，如图5-49所示。执行"对象"|"混合"|"反向堆叠"命令，即可改变堆叠顺序，效果如图5-50所示。

图 5-49　　　　　　　　　　　　　　　图 5-50

创建混合后，形成的混合对象是一个由图形和路径组成的整体。用户可以使用"扩展"命令将混合对象混合分割为一系列独立的个体。

选择混合对象，执行"对象"|"混合"|"扩展"命令，即可扩展对象，如图5-51所示。被扩展的对象为一个编组，选中编组后单击鼠标右键，在弹出的快捷菜单中执行"取消编组"命令，就可以单独选择其中的某个对象，如图5-52所示。

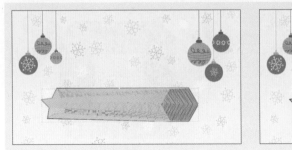

图 5-51　　　　　　　　　　　　　　　图 5-52

释放混合对象，会删除新对象并恢复原始对象。执行"对象"|"混合"|"释放"命令或按Alt+Shift+Ctrl+B组合键，即可释放混合对象。

5.2.2　设置混合间距与取向

若想对混合对象的间距和取向进行调整，可以双击"混合工具" ⬚，打开"混合选项"对话框，在该对话框中可以设置混合对象的"间距"和"取向"参数，如图5-53所示。

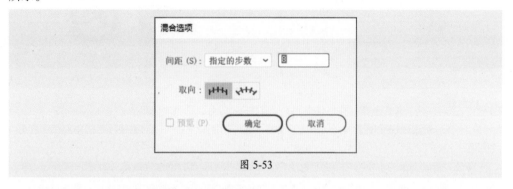

图 5-53

"混合选项"对话框中各参数的作用如下。

● **间距**：用于定义对象之间的混合方式，包括平滑颜色、指定的步数和指定的距离 3种。

◇ **平滑颜色**：自动计算混合的步骤数。若对象的填充或描边颜色不同，则计算 出的步骤数将是为实现平滑颜色过渡而取的最佳步骤数。若对象包含相同的颜 色，或包含渐变或图案，则步骤数将根据两对象定界框边缘之间的最长距离计算 得出。

◇ **指定的步数**：用于控制在混合开始与混合结束之间的步骤数。

◇ **指定的距离**：用于控制混合步骤之间的距离。指定的距离是指从一个对象边缘 到下一个对象相对应边缘之间的距离。

● **取向**：用于设置混合对象的方向。选择"对齐页面" ⬚，将使混合垂直于页面 的x轴。选择"对齐路径" ⬚，将使混合垂直于路径。

5.3　透视网格工具

"透视网格工具" ⬚ 可以帮助用户绘制具有透视效果的图形。使用该工具，可以约 束对象的状态以绘制正确的透视图形。

选择工具箱中的"透视网格工具" ⬚，画板中即出现透视网格，如图5-54所示。用 户可以单击左上角的平面切换构件切换活动网格平面。如图5-55所示为平面切换构件。

在透视网格中，活动网格的平面指当前绘制对象的平面。

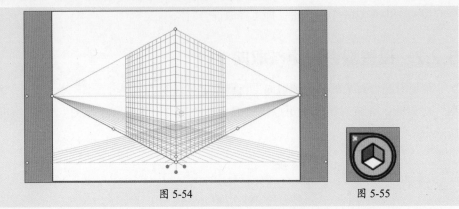

图 5-54 　　　　　　　　　　　　　　图 5-55

知识链接　　单击平面切换控件中的叉号或按Esc键可以隐藏透视网格。

使用透视网格工具拖动透视网格各个区域的控制手柄可以对透视网格的角度和密度进行调整。

单击并拖动底部的水平网格平面控制手柄，可以改变平面部分的透视效果，如图5-56所示。单击并向右拖动左侧消失点控制柄，可以调整左侧网格的透视状态，如图5-57所示。

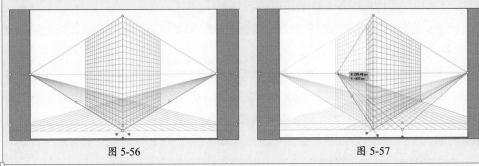

图 5-56 　　　　　　　　　　　　　　图 5-57

5.4　对象的管理

用户可以通过命令更有效地管理图形对象，使画面干净整齐，如对图形做出排序、编组、对齐、分布等操作。下面将对此进行介绍。

5.4.1　复制、剪切、粘贴对象

复制、剪切与粘贴是相互依存的命令，只有进行复制或剪切，才可以粘贴对象。

选中画板中的对象，执行"编辑"｜"复制"命令，或按Ctrl+C组合键，复制选中对象，如图5-58所示。执行"编辑"｜"粘贴"命令，或按Ctrl+V组合键，即可粘贴对象，如图5-59所示。

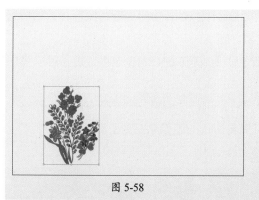

图 5-58

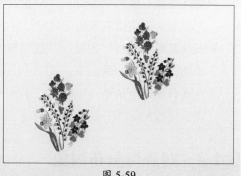

图 5-59

　　如果在选中对象后执行"编辑"|"剪切"命令，或按Ctrl+X组合键，被剪切的对象将从画面中消失，如图5-60所示。执行"编辑"|"粘贴"命令，或按Ctrl+V组合键，即可将剪切对象粘贴在画板中，如图5-61所示。

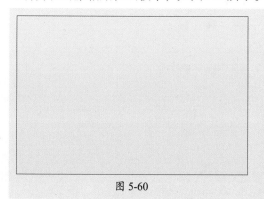

图 5-60

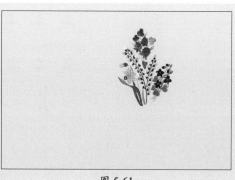

图 5-61

　　除了"粘贴"命令，Illustrator中还有其他粘贴方式。单击菜单栏中的"编辑"按钮，在下拉菜单中可以看到5种不同的"粘贴"命令，如图5-62所示。

粘贴(P)	Ctrl+V
贴在前面(F)	Ctrl+F
贴在后面(B)	Ctrl+B
就地粘贴(S)	Shift+Ctrl+V
在所有画板上粘贴(S)	Alt+Shift+Ctrl+V

图 5-62

这5种粘贴命令的作用如下。

● **粘贴：**将图像复制或剪切到剪贴板，执行"编辑"|"粘贴"命令或按Ctrl+V组合键，即可将剪贴板中的内容粘贴到当前文档中。

● **贴在前面：**执行"编辑"|"贴在前面"命令或按Ctrl+F组合键，将对象粘贴到文档中原始对象所在的位置，并将其置于对象堆叠的顶层。

- **贴在后面：** 执行"编辑"|"贴在后面"命令或按Ctrl+B组合键，图形将被粘贴到
  对象堆叠的底层或紧跟在选定对象之后。
- **就地粘贴：** 执行"编辑"|"就地粘贴"命令或按Ctrl+Shift+V组合键，可以将图
  像粘贴到现用的画板中。
- **在所有画板上粘贴：** 在剪切或复制图像后，执行"编辑"|"在所有画板上粘贴"
  命令或按Alt+Ctrl+Shift+V组合键，可以将所选的图像粘贴到所有画板上。

5.4.2 对齐与分布对象

通过使用"对齐"面板，可以有效地对齐或分布选中的多个图形，使画板中的图形
排列有序。执行"窗口"|"对齐"命令，打开"对齐"面板，如图5-63所示。

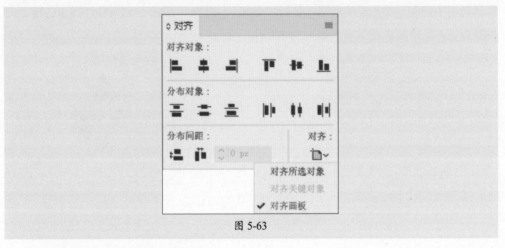

图 5-63

"对齐"面板中各选项的作用如下。

- **水平左对齐 ≝：** 单击该按钮时，选中的对象将以最左侧的对象为基准，将所有对
  象的左边界调整到一条基线上。
- **水平居中对齐 ≋：** 单击该按钮时，选中的对象将以中心的对象为基准，将所有对
  象的垂直中心线调整到一条基线上。
- **水平右对齐 ≣：** 单击该按钮时，选中的对象将以最右侧的对象为基准，将所有对
  象的右边界调整到一条基线上。
- **顶部对齐 ▔：** 单击该按钮时，选中的对象将以顶部的对象为基准，将所有对象的
  上边界调整到一条基线上。
- **垂直居中对齐 ╫：** 单击该按钮时，选中的对象将以水平的对象为基准，将所有对
  象的水平中心线调整到一条基线上。
- **底部对齐 ▄：** 单击该按钮时，选中的对象将以底部的对象为基准，将所有对象的
  下边界调整到一条基线上。
- **垂直顶部分布 ▔：** 单击该按钮时，将平均每一个对象顶部基线之间的距离。

- **垂直居中分布** ：单击该按钮时，将平均每一个对象水平中心基线之间的距离。
- **垂直底部分布** ：单击该按钮时，将平均每一个对象底部基线之间的距离。
- **水平左分布** ：单击该按钮时，将平均每一个对象左侧基线之间的距离。
- **水平居中分布** ：单击该按钮时，将平均每一个对象垂直中心基线之间的距离。
- **水平右分布** ：单击该按钮时，将平均每一个对象右侧基线之间的距离。
- **对齐所选对象：** 相对于所有选定对象的定界框进行对齐或分布。
- **对齐关键对象：** 相对于一个关键对象进行对齐或分布。
- **对齐画板：** 将所选对象按照当前的画板进行对齐或分布。

5.4.3　编组对象

编组就是将多个对象成组，使其形成一个组合，以便于操作与管理。

选中要编组的对象，执行"对象"|"编组"命令，或按Ctrl+G组合键，也可以在画板中右击鼠标，在弹出的快捷菜单中选择"编组"命令，即可将选中的对象进行编组。

若要取消编组，可以选择编组后的对象，执行"对象"|"取消编组"命令，或按Ctrl+Shift+G组合键，也可以在画板中右击鼠标，在弹出的快捷菜单中选择"取消编组"命令。取消编组后，用户可以选择单个对象。

> 💬 **技巧点拨**
>
> 双击编组对象，可以进入编组隔离模式，对单个对象进行调整。

5.4.4　锁定对象

在编辑对象时，若不想被其他对象干扰或损坏其他对象，可以将其他对象锁定。锁定对象不可被选中与编辑。

选择要锁定的对象，执行"对象"|"锁定"|"所选对象"命令，或按Ctrl+2组合键即可将选中对象锁定。用户也可以单击"图层"面板中要锁定对象左侧的"切换锁定（空白表示可编辑）"　　按钮，将对象所在层锁定，锁定后，该按钮变为 🔒 状。

执行"对象"|"全部解锁"命令，或按Ctrl+Alt+2组合键，即可解锁文档中所有锁定的对象。

若想单独解锁某一对象，可以单击"图层"面板中锁定对象左侧的"切换锁定"按钮，将对象所在层解锁。

5.4.5　隐藏对象

用户可以根据需要，隐藏或显示对象。被隐藏的对象不可见，也不可选择，打印时隐藏对象也不会被打印出来。用户可以通过取消隐藏使对象重新显示出来。

选择要隐藏的对象，如图5-64所示。执行"对象"|"隐藏"|"所选对象"命令，或按Ctrl+3组合键，即可隐藏所选对象，如图5-65所示。用户也可以在"图层"面板中单击图层名称左侧的 ⊙ 按钮，隐藏对象所在层，再次单击，即可显示该层。

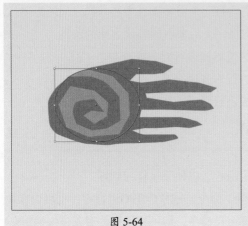

图 5-64 图 5-65

若要显示所有对象，可以执行"对象"|"显示全部"命令，或按Ctrl+Alt+3组合键。

5.4.6 对象的排列顺序

Illustrator软件中的图形对象有堆叠顺序，用户可以通过"排列"命令更改对象在画板中的堆叠顺序。

选中要调整顺序的对象，如图5-66所示。执行"对象"|"排列"命令，在其子菜单中选择相应的命令，即可调整所选对象的排列顺序。如图5-67所示为执行 "对象"|"排列"|"置于顶层"命令后的效果。

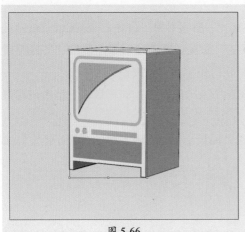

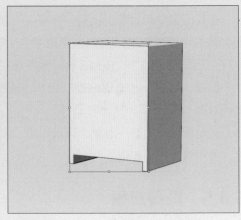

图 5-66 图 5-67

技巧点拨

用户还可以选中对象后，右击鼠标，在弹出的快捷菜单中选择"排列"命令，在其子菜单中
选择合适的排列效果。

"排列"命令子菜单中各选项的作用如下。

- 执行"对象"|"排列"|"置于顶层"命令，将对象移至组或图层中的顶层
  位置。
- 执行"对象"|"排列"|"前移一层"命令，将对象按堆叠顺序向前移动一个
  位置。
- 执行"对象"|"排列"|"后移一层"命令，将对象按堆叠顺序向后移动一个
  位置。
- 执行"对象"|"排列"|"置于底层"命令，将对象移至组或图层中的底层
  位置。

读 书 笔 记

自己练／制作卡通日历

案例路径 云盘 \ 实例文件 \ 第5章 \ 自己练 \ 设计卡通日历

项目背景 临近新年，受某儿童绘画培训机构委托，为其设计一款卡通日历，作为分发给儿童的新年礼物、员工福利等，以便增加学生和员工的黏性，更好地推广和宣传该培训机构。

项目要求 ①整体和谐统一，富有童趣。

②日历配色选择低饱和度颜色，制作更为温和的视觉效果。

③尺寸为横版207mm×145mm。

项目分析 以2月份日历为例，整体的色彩以浅橙色为主，温馨自然；背景添加网格，丰富画面效果；选择太阳、云、植物、猫咪等元素装饰，使日历画面带来轻松愉悦的视觉效果；月份文字使用毛绒文字，贴合儿童喜好，如图5-68所示。

图 5-68

课时安排 2课时。

第 **6** 章

名片设计
——填充与描边详解

本章概述

　　色彩是视觉传达中非常重要的元素。同一件作品使用不同的色彩搭配会产生不同的视觉效果。在Illustrator软件中，可以通过多种方式为设计作品上色。本章将针对填充与描边的相关知识进行讲解。

要点难点

- 设置填充与描边 ★☆☆
- 渐变的编辑与使用 ★★☆
- 实时上色 ★★☆

跟我学 名片设计 ///

学习目标 本案例将练习设计画室老师的名片，使用"渐变"面板制作丰富的填充效果，添加圆形装饰制作空间立体感。通过本案例，学会简单的填充与描边，学会填充渐变色，调整渐变色。

案例路径 云盘\实例文件\第6章\跟我学\画室名片设计

步骤 01 执行"文件"|"新建"命令，在打开的"新建文档"对话框中设置参数，如图6-1所示。设置完成后单击"创建"按钮，新建一个90mm×54mm、出血为3mm、画板数为2的空白文档。

图 6-1

步骤 02 在左侧画板中使用"矩形工具" ▣绘制一个与画板等大的矩形，执行"窗口"|"渐变"命令，打开"渐变"面板，单击"渐变" ▣按钮，赋予矩形默认的渐变颜色，如图6-2所示。

图 6-2

步骤 03 双击"渐变"面板左侧的"渐变滑块"🔲，在弹出的面板中单击右上角的菜单 ≣ 按钮，在弹出的下拉菜单中选择"CMYK（C）"，设置颜色为橙色（C:2，M:34，Y:62，K:0），如图6-3所示。

步骤 04 双击"渐变"面板右侧的"渐变滑块"🔲，在弹出的面板中单击右上角的菜单 ≣ 按钮，在弹出的下拉菜单中选择"CMYK（C）"，设置颜色为粉色（C:0，M:46，Y:0，K:0），如图6-4所示。

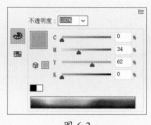
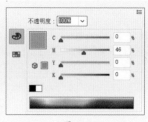

图 6-3 图 6-4

步骤 05 此时矩形默认填充色为设置的渐变色，如图6-5所示。

步骤 06 使用"渐变工具"🔲在画板中拖动调整渐变的角度和范围，如图6-6所示。

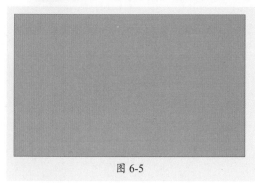
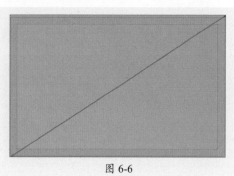

图 6-5 图 6-6

步骤 07 选中绘制的矩形，单击工具箱底部的"标准的Adobe颜色控制组件"中的"描边"🔲按钮，切换至描边，单击"无"🔲按钮，设置描边为无，效果如图6-7所示。

步骤 08 使用"矩形工具"在画板中绘制一个86mm×50mm的矩形，并设置其填充色为白色，不透明度为80%，效果如图6-8所示。

图 6-7 图 6-8

步骤09 按住Shift键使用"椭圆工具"在画板中绘制正圆,选中正圆,使用"吸管工具" ✎在渐变背景上单击,使用"渐变工具" ▣在画板中拖动调整渐变的角度和范围,效果如图6-9所示。

步骤10 选中正圆,在控制栏中设置描边为白色、粗细为0.25pt,效果如图6-10所示。

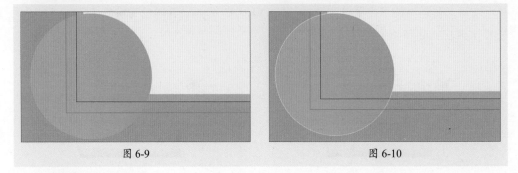

图 6-9   图 6-10

步骤11 使用相同的方法,继续绘制正圆,并对其进行调整,效果如图6-11所示。

步骤12 使用"文字工具" T在画板中单击并输入文字,在控制栏中设置文字字体为"站酷快乐体2016修订版"、字号为14pt,如图6-12所示。

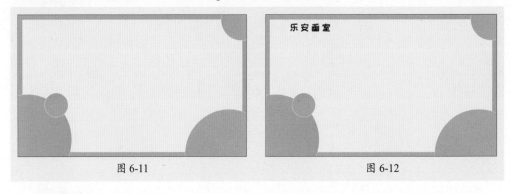

图 6-11   图 6-12

步骤13 选中输入的文字,右击鼠标,在弹出的快捷菜单中选择"创建轮廓"命令,将文字轮廓化。使用"吸管工具" ✎在渐变背景上单击,使用"渐变工具" ▣在画板中拖动调整渐变的角度和范围,效果如图6-13所示。

步骤14 使用相同的方法输入其他文字,效果如图6-14所示。

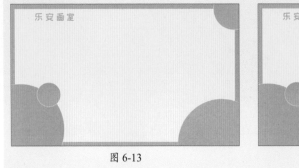

图 6-13   图 6-14

步骤15 选择工具箱中的"多边形工具"⬡，在画板中单击，打开"多边形"对话框，设置边数为3，如图6-15所示。

步骤16 设置完成后单击"确定"按钮，绘制正三角形，并调整至合适大小，如图6-16所示。

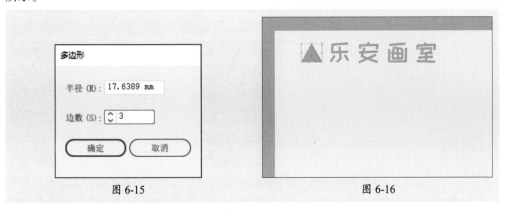

图 6-15　　　　　　　　　　　图 6-16

步骤17 选中绘制的三角形，按住Alt键拖动复制，如图6-17所示。

步骤18 选中两个三角形，执行"窗口"|"路径查找器"命令，在打开的"路径查找器"面板中单击"减去顶层"▣按钮，效果如图6-18所示。

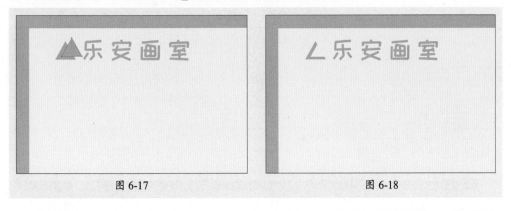

图 6-17　　　　　　　　　　　图 6-18

步骤19 选中调整后的三角形，执行"效果"|"风格化"|"投影"命令，打开"投影"对话框设置参数，如图6-19所示。

图 6-19

127

步骤 20 设置完成后单击"确定"按钮。执行"文件"|"置入"命令，置入本章素材文件并调整至合适大小，效果如图6-20所示。至此，完成名片正面设计。

步骤 21 切换至右侧画板，使用"矩形工具" □ 绘制一个与画板等大的矩形，在"色板"面板中设置填充为白色，如图6-21所示。

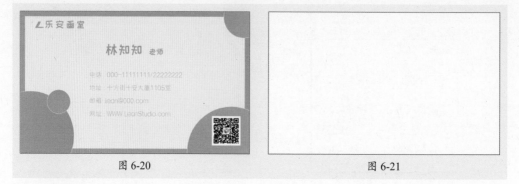

图 6-20   图 6-21

步骤 22 使用"矩形工具" □ 在画板中绘制矩形，使用"渐变"面板设置填充渐变色，如图6-22所示。

步骤 23 继续绘制矩形，并设置渐变色，如图6-23所示。

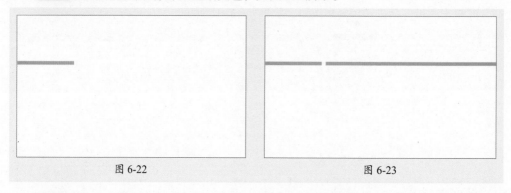

图 6-22   图 6-23

步骤 24 选中左侧画板中的标志，按住Alt键拖动至右侧画板合适位置，并调整至合适大小，如图6-24所示。

步骤 25 使用"文字工具" T 输入文字，效果如图6-25所示。

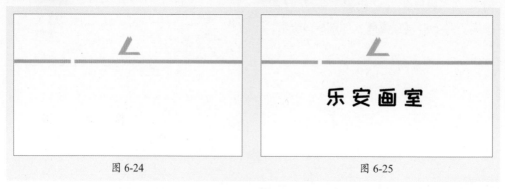

图 6-24   图 6-25

步骤 26 选中输入的文字，右击鼠标，在弹出的快捷菜单中选择"创建轮廓"命令，将文字路径转换为轮廓，如图6-26所示。

图 6-26

步骤 27 为文字轮廓填充渐变，效果如图6-27所示。

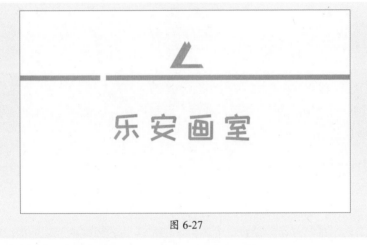

图 6-27

至此，完成画室名片的设计。

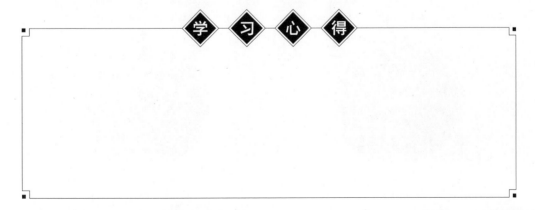

6.1 填充与描边

绘制完图形后，用户可以通过填充和描边为绘制对象添加颜色、渐变或图案。本节将对此进行介绍。

6.1.1 填充

可以为图形对象、开放路径或文字内部填充颜色、渐变或图案样式。Illustrator 中的填充分为单色填充、渐变填充和图案填充3种类型，这3种填充类型的效果如图6-28 ~图6-30所示。

图 6-28   图 6-29   图 6-30

除了这3种填充效果，用户还可以通过"网格工具" 📧和"实时上色工具" 📧填充更加复杂的颜色效果。

1. 网格工具

使用"网格工具" 📧可以在矢量图形上增加网格点，通过调整网格点参数来调整整个对象的填充效果，制作更为真实的上色效果。

使用"网格工具" 📧在矢量对象上单击，即可为其添加网格点，如图6-31所示。选中单个网格点设置颜色，即可调整矢量对象的颜色，如图6-32所示。

图 6-31   图 6-32

2 实时上色工具

使用"实时上色工具" ▧ 可以对路径围合的区域进行填充，选中对象后单击需要填充颜色的区域即可以当前设置的颜色填充该区域。

选中路径集合，使用"实时上色工具" ▧ 在路径上单击建立"实时上色"组，如图6-33所示。设置填充色，再次单击"实时上色"组，即可为路径围合区域上色，上色完成后的效果如图6-34所示。

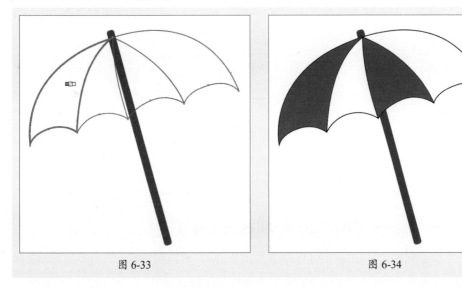

图 6-33　　　　　　　　　　　　　　图 6-34

执行"对象"|"实时上色"|"释放"命令可以取消实时上色。

6.1.2　描边

描边可以为对象的轮廓路径或文字边缘添加纯色、渐变颜色或图案效果，如图6-35~图6-37所示为纯色描边、渐变颜色描边和图案描边的效果。

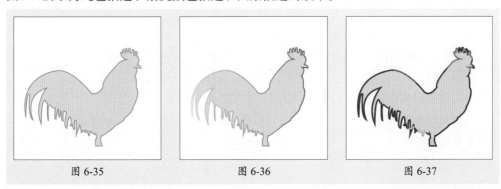

图 6-35　　　　　　　　图 6-36　　　　　　　　图 6-37

用户还可以为描边添加不同的描边样式。选中对象，在"画笔库菜单"中选择笔触，即可改变描边样式。如图6-38 ~ 图6-40所示分别为选择不同笔触样式的效果。

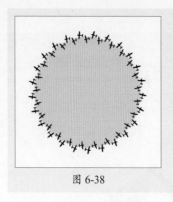
图 6-38

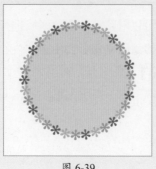
图 6-39

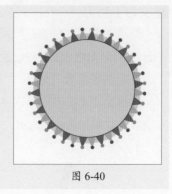
图 6-40

6.2 设置填充与描边 //

在Illustrator软件中，最简单的设置对象的填充与描边的方法是使用"标准的Adobe颜色控制组件"。除了这种方式，用户还可以通过"颜色"面板和"色板"面板设置对象的填充和描边。本节将针对这3种方式进行介绍。

6.2.1 应用"标准的Adobe颜色控制组件"

通过工具箱底部的"标准的Adobe颜色控制组件"，可以很便捷地为对象填充颜色或设置描边颜色。如图6-41所示为"标准的Adobe颜色控制组件"。

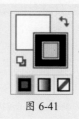
图 6-41

该组件中各按钮的作用如下。

● **填色□**：双击该按钮，可以打开"拾色器"对话框设置填充颜色。

● **描边�􀂏**：双击该按钮，可以打开"拾色器"对话框设置描边颜色。

● **互换填色和描边⬏**：单击该按钮，可以互换填充和描边颜色。

● **默认填色和描边◰**：单击该按钮，可以恢复默认颜色设置（白色填充和黑色描边）。

● **颜色◼**：单击该按钮，可以将上次的颜色应用于具有渐变填充或者没有描边或填充的对象。

● **渐变◨**：单击该按钮，可以将当前选择的路径更改为上次选择的渐变。

● **无◩**：单击该按钮，可以删除选定对象的填充或描边。

6.2.2 "颜色"面板的使用

使用"颜色"面板可以为矢量对象设置单一颜色的填充或描边。执行"窗口"|"颜色"命令或按快捷键F6，打开"颜色"面板，如图6-42所示。

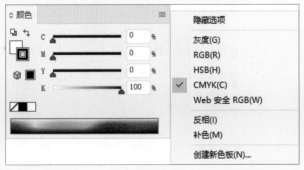

图 6-42

选中需要填充或描边的路径，在"颜色"面板中根据需要单击填色或描边按钮，拖动颜色滑块，或直接在色谱中拾取颜色，即可为选中的路径添加填充或描边。如图6-43和图6-44所示为设置填充颜色前后的效果。

图 6-43

图 6-44

💬 技巧点拨

"颜色"面板菜单中的5种颜色模式，仅影响"颜色"面板的显示，并不更改文档的颜色模式。

6.2.3 "色板"面板的使用

使用"色板"面板同样可以为矢量对象添加填充或描边。除了单一颜色，在该面板中还可以选择预设的渐变或图案进行填充或描边。执行"窗口"｜"色板"命令，打开"色板"面板，如图6-45所示。

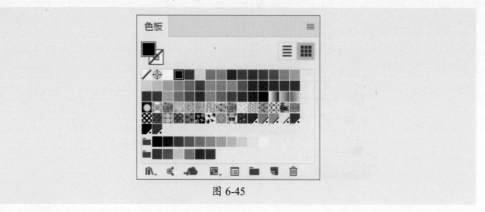

图 6-45

1. 填充颜色

选择要填充的对象，如图6-46所示。打开"色板"面板，使"色板"面板中的"填色"■按钮处于"描边"☑按钮的上方，单击某一颜色，即可为选中的对象填充该颜色，如图6-47所示。

图 6-46　　　　　　　　　　　　　　　　图 6-47

若"色板"面板中没有需要的颜色，用户也可以双击"填色"■按钮，打开"拾色器"面板选取合适的颜色。

2. 填充渐变色

选中要填充渐变色的对象，单击"色板"面板下方的"显示色板类型菜单"■按钮，在弹出的下拉菜单中选择"显示渐变色板"命令，如图6-48所示。切换至"渐变"色板，选择一个渐变色，效果如图6-49所示。

图 6-48

图 6-49

3. 填充图案

选中要填充图案的对象，单击"色板"面板下方的"显示色板类型菜单"按钮，在弹出的下拉菜单中选择"显示图案色板"命令，如图6-50所示。切换至图案色板，选择图案，效果如图6-51所示。

图 6-50

图 6-51

4. 色板选项

若色板中没有找到需要的效果，用户可以任选一个颜色，单击面板底部的"色板选项"按钮，打开"色板选项"对话框，如图6-52所示，在该对话框中可以对色板名称、颜色类型等参数进行调整。

若选择的是图案，单击该按钮后，将打开"图案选项"对话框，如图6-53所示。在该对话框中可以对图案的相关属性进行设置。

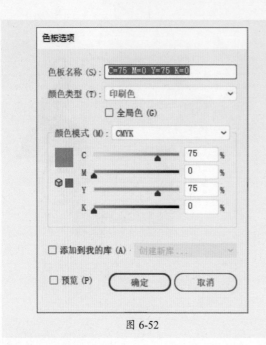

图 6-52

图 6-53

5. "色板库"菜单

"色板"面板中仅显示了部分颜色、渐变和图案，用户可以通过"色板库"选择更多的颜色、渐变和图案。

执行"窗口"｜"色板库"命令，可以查看"色板库"菜单，如图6-54所示。也可以直接单击"色板"面板底部的"色板库菜单"按钮，打开"色板库"菜单，如图6-55所示。

图 6-54

图 6-55

选择色板库中的选项后，将打开相应的色板库面板，使用方法与"色板"面板一致。

6.3　渐变的编辑与使用

两种或两种以上颜色过渡的效果称为渐变。Illustrator软件中的渐变类型分为线性渐变和径向渐变两种。本节将针对渐变进行介绍。

6.3.1　"渐变"面板的使用

用户可以在"渐变"面板中设置渐变类型、角度、颜色等参数。执行"窗口"|"渐变"命令或按Ctrl+F9组合键，即可打开"渐变"面板，如图6-56所示。

图 6-56

"渐变"面板中部分选项的作用如下。

● **类型：**用于设置渐变类型。有线性和径向两种选择。如图6-57和图6-58所示分别是设置线性渐变和径向渐变的效果。

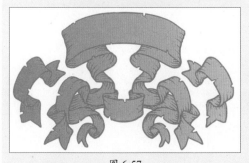

图 6-57

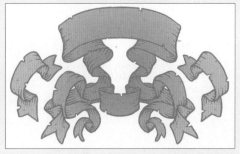

图 6-58

● **描边：**用于设置带有转角对象的描边应用渐变的位置。如图6-59～图6-61所示分别为选择"在描边中应用渐变" ▦ 、"沿描边应用渐变" ▦ 和"跨描边应用渐变" ▦ 的效果。

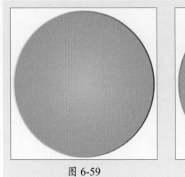

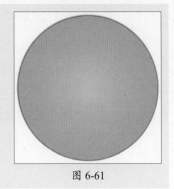

图 6-59　　　　　　　　　图 6-60　　　　　　　　　图 6-61

● **角度** △：用于设置渐变角度。

● **长宽比** ◎：用于设置径向渐变长宽比，调整至椭圆的形态。

选中对象，单击"渐变"面板中的"填色" ■按钮，切换至填色选项，单击"渐变" ■按钮，即可赋予选中对象默认的渐变颜色，如图6-62所示。双击"渐变滑块" ■，在弹出的面板中可以调整渐变的颜色，如图6-63所示。

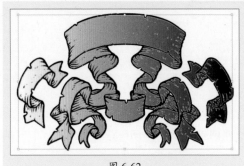

图 6-62　　　　　　　　　　　　　　　图 6-63

若双击"渐变滑块" ■后弹出的面板中只有灰度色，用户可以单击右上角的菜单 ≡按钮，选择其他颜色模式，如图6-64所示。

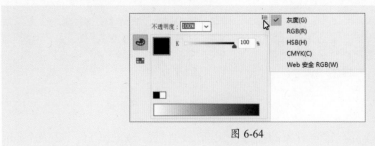

图 6-64

若想添加更多的渐变滑块，制作更加丰富的渐变效果，移动鼠标指针在渐变条下方单击，即可添加渐变滑块，如图6-65和图6-66所示。

选中渐变滑块，单击渐变条右侧的"删除色标" ■按钮，可以删除选中的渐变滑块，如图6-67所示。

图 6-65

图 6-66

图 6-67

6.3.2 调整渐变形态

填充完渐变后，可以使用"渐变工具"■调整渐变的角度、位置和范围。本小节将对此进行介绍。

1. 渐变控制器的使用

选中填充渐变色的对象，单击工具箱中的"渐变工具"■，即可看到渐变批注者，也被称为渐变控制器，如图6-68所示。设置渐变控制器，即可对其渐变色进行调整，如图6-69所示。

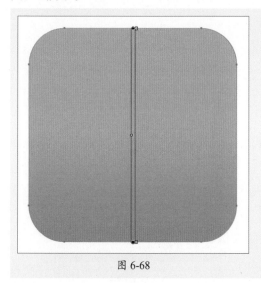
图 6-68

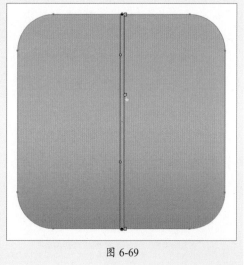
图 6-69

2. 渐变控制器的长度调节

使用渐变控制器时，移动鼠标指针至渐变控制器方框一侧，当鼠标指针变为方形箭头时，可调节渐变控制器的长度，如图6-70所示。释放鼠标后，渐变的颜色也会随之改变，如图6-71所示。

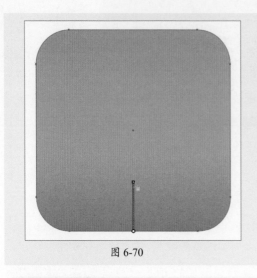

图 6-70   图 6-71

💬 **技巧点拨**

用户也可以选中"渐变工具" ▥在渐变对象上拖动绘制渐变控制器，制作出需要的效果。

3. 渐变控制器的方向调节 ─────────────────────────○

移动鼠标指针至渐变控制器方框一侧，当鼠标指针变为旋转箭头↻时，可以调节渐变控制器的方向，如图6-72所示。释放鼠标后，渐变颜色的方向会发生变化，如图6-73所示。

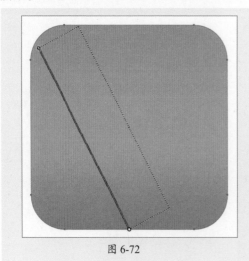

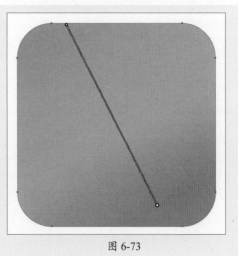

图 6-72   图 6-73

移动鼠标指针至渐变控制器圆框一侧，可以移动渐变控制器位置。

知识链接   执行"视图"|"隐藏渐变批注者"或"视图"|"显示渐变批注者"命令可以控制渐变批注者的隐藏与显示。

6.3.3　设置对象描边属性

对象的描边属性由颜色、路径宽度和画笔样式3部分构成。用户可以在工具箱中设置颜色，也可以结合"色板"面板、"颜色"面板或者"渐变"面板进行设置。

单击控制栏中的"描边"按钮，即可显示下拉面板，如图6-74所示。也可以执行"窗口"｜"描边"命令或按Ctrl+F10组合键，打开"描边"面板，如图6-75所示。在该面板中也可以对路径描边的属性进行设置。

图 6-74

图 6-75

"描边"面板中各个选项的作用如下。

● **粗细：**用于设置描边的粗细程度。

● **端点：**用于设置开放线段两端端点的样式，分为平头端点、圆头端点、方头端点3种。

● **边角：**用于设置直线段改变方向（拐角）的地方的类型，分为斜切连接、圆角连接、斜角连接3种。

● **限制：**用于设置超过指定数值时扩展倍数的描边粗细。

● **对齐描边：**用于定义描边对齐的方式。

● **虚线：**用于将描边变为虚线。选中该复选框，在"虚线"和"间隙"文本框中输入数值定义虚线中线段的长度和间隙的长度即可。

● **保留虚线和间隙的精确长度 ⊡：**可以在不对齐的情况下保留虚线外观。

● **使虚线与边角和路径终端对齐，并调整到适合长度 ⊡：**可让各角的虚线和路径的尾端保持一致并可预见。

● **箭头：**用于设置路径始点和终点的样式。

● **缩放：**用于设置路径两端箭头的百分比大小。

● **对齐：**用于设置箭头位于路径终点的位置。

● **配置文件：**用于设置路径的变量宽度和翻转方向。

自己练／设计借书卡

案例路径 云盘\实例文件\第6章\自己练\设计借书卡

项目背景 "一欢书斋"为一家私人图书馆，致力于为市民提供舒适的读书环境，针对部分读者想要外借图书的意愿，现委托某公司为其制作一款借书卡，以便于规范管理借书行为。

项目要求 ①整体的氛围要与图书馆的气质相符合。

②版式上要简洁、大方，体现图书馆的特色。

③借书卡尺寸为85.5mm×54mm。

项目分析 整个借书卡的颜色以绿色为主，如图6-76所示，具有清新自然的效果，搭配浅橙色；版式采用简约的横向排版，以一些文具等元素为底纹，凸显浓厚的学习氛围。背面主要用于说明一些使用禁忌，如图6-77所示。

图 6-76

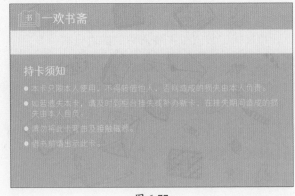

图 6-77

课时安排 2课时。

Illustrator

第7章

首页设计
——文字详解

本章概述

　　文字可以很好地表达设计者的意图，展示设计作品的主题思想。作为专业的矢量图形处理软件，Illustrator具有强大的文字处理能力。用户可以创建多种类型的文字，还可以对文字属性进行设置。本章将对此进行详细介绍。

要点难点

● 创建不同类型的文字　★☆☆
● 文字的设置　★★★
● 文字的编辑与处理　★★☆

跟我学 杂志内页设计 ///////////////////////////////

学习目标 本实例将练习设计杂志内页，通过置入素材添加图片，使用剪切蒙版对插入的素材进行处理，使用文字工具输入文字并对其属性进行调整。通过本实例，可以帮助读者学会创建不同类型的文字，掌握编辑管理文字的方法。

案例路径 云盘\实例文件\第7章\跟我学\设计杂志内页

步骤 01 按Ctrl+N组合键，打开"新建文档"对话框，在该对话框中设置参数，如图7-1所示。设置完成后单击"创建"按钮，新建一个420mm×285mm、出血为3mm的空白文档。

步骤 02 使用"矩形工具"■在画板中绘制一个与画板等大的矩形，并设置填充色为白色，描边为无，如图7-2所示。按Ctrl+2组合键锁定对象。

图 7-1

图 7-2

步骤 03 使用"矩形工具"■在画板底部绘制矩形，在控制栏中设置填充色为浅灰色（C:0，M:0，Y:0，K:20），如图7-3所示。

步骤 04 使用"文字工具"т在浅灰色矩形上单击并输入文字，在控制栏中设置字体为黑色、字号为14pt，效果如图7-4所示。

图 7-3

图 7-4

步骤 05 使用相同的方法，在浅灰色矩形的另一侧输入文字，如图7-5所示。

步骤 06 执行"文件"|"置入"命令，置入本章素材文件并调整至合适大小与位置，如图7-6所示。

图 7-5　　　　　　　　　　　　　　　　图 7-6

步骤 07 在置入素材上绘制矩形，如图7-7所示。

步骤 08 选中新绘制的矩形与素材，右击鼠标，在弹出的快捷菜单中选择"建立剪切蒙版"命令，创建剪切蒙版，如图7-8所示。

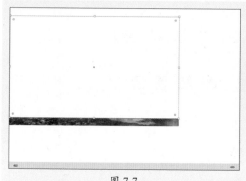

图 7-7　　　　　　　　　　　　　　　　图 7-8

步骤 09 使用相同的方法，置入其他素材文件并创建剪切蒙版，效果如图7-9所示。

步骤 10 用"文字工具" T 在画板中单击并输入文字，按Enter键换行，如图7-10所示。

图 7-9　　　　　　　　　　　　　　　　图 7-10

步骤 11 双击输入的文字，进入文字编辑状态，选择第1行文字，在控制栏中设置字体为"站酷快乐体2016修订版"，字号为24pt，效果如图7-11所示。

步骤 12 选中第2行文字，在控制栏中设置字体为"宋体"，字号为12pt，效果如图7-12所示。

图 7-11

图 7-12

步骤 13 使用"文字工具" T在画板中的合适位置拖动绘制文本框，如图7-13所示。

步骤 14 在控制栏中设置字体为"宋体"，字号为10pt，在文本框中输入文字，如图7-14所示。

图 7-13

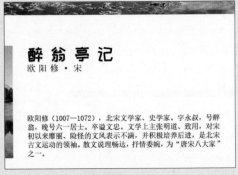

图 7-14

步骤 15 使用相同的方法，在画板中的合适位置绘制文本框，在控制栏中设置字体为"宋体"，字号为12pt，在文本框中输入文字（《醉翁亭记》），如图7-15所示。

图 7-15

步骤16 使用 "选择工具" ▶ , 移动鼠标指针至溢出标记 ⊞ 处, 待鼠标指针变为 ▶ 形状时单击溢出标记 ⊞ , 移动鼠标指针至空白处, 当鼠标指针变为 ⊑ 形状时, 在空白处拖动绘制文本框, 如图7-16所示。

步骤17 释放鼠标后, 在新绘制的文本框中将出现第一个文本框未显示完全的文本, 如图7-17所示。

图 7-16

图 7-17

步骤18 选中串联的两个文本框, 执行 "窗口" | "文字" | "字符" 命令, 打开 "字符" 面板, 设置 "行距" 为14.4pt, 如图7-18所示。

步骤19 设置完成后效果如图7-19所示。

图 7-18

图 7-19

步骤20 继续选中串联的两个文本框, 执行 "窗口" | "文字" | "段落" 命令, 在打开的 "段落" 面板中设置 "首行左缩进", 数值为24pt, 如图7-20所示。

步骤21 设置完成后效果如图7-21所示。

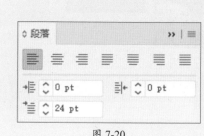

图 7-20

图 7-21

步骤 22 使用"钢笔工具"在画板左上角和右上角绘制线段，并设置其描边为浅灰色（C:0，M:0，Y:0，K:40），如图7-22所示。

图 7-22

步骤 23 使用"文字工具" T 在画板中单击并输入文字，在控制栏中设置字体为"黑体"，字号为10pt，效果如图7-23和图7-24所示。

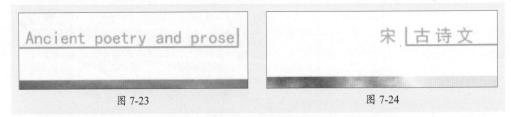

图 7-23   图 7-24

步骤 24 至此，完成杂志内页的设计，效果如图7-25所示。

图 7-25

7.1 创建文字

Illustrator的文字工具组中包括"文字工具" T、"直排文字工具" IT、"区域文字工具" ⊤、"直排区域文字工具" ⊺⊺、"路径文字工具" ✎、"直排路径文字工具" ✎6种文字工具以及"修饰文字工具" ⊞,如图7-26所示。通过这些工具,可以创建点文字、段落文字、区域文字和路径文字4种不同类型的文本,并在保持文字原有属性的状态下编辑单个字符。下面将对此进行介绍。

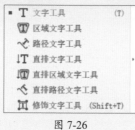

图 7-26

7.1.1 创建点文字

使用"文字工具" T在画板中单击并输入文字,输入的文字即是点文字。点文字的特点是不会换行,若想换行,按Enter键即可。

选择工具箱中的"文字工具" T,移动鼠标指针至要创建文字的区域单击,此时画板中将出现占位符,在控制栏中设置文字参数,可以通过占位符看到效果,如图7-27所示。设置完成后,输入文字即可,如图7-28所示。若对输入的文字效果不满意,用户还可以选中文字,在控制栏中进行编辑。

图 7-27

图 7-28

💬 **技巧点拨**

文字编辑完成后,按Esc键或移动鼠标指针至空白处单击即可退出文字编辑状态。

除了"文字工具" T 外,用户还可以使用"直排文字工具" IT 创建点文字,但是用"直排文字工具" IT 创建的文字是自上而下纵向排列的,如图7-29和图7-30所示。

图 7-29

图 7-30

7.1.2 创建段落文字

使用"文字工具" T 在画板中拖动绘制文本框,在文本框中输入的文字即是段落文字。段落文字被局限在文本框中,一旦排列至文本框边缘即自动换行。

选择工具箱中的"文字工具" T,按住鼠标左键拖动绘制文本框,释放鼠标后文本框中出现占位符,在控制栏中设置文字参数,可以通过占位符看到效果,如图7-31所示。设置完成后,输入文字即可,如图7-32所示。

图 7-31

图 7-32

用户还可以使用"直排文字工具" IT 创建自上而下、自右向左垂直排列的段落文字,如图7-33和图7-34所示。

图 7-33

图 7-34

7.1.3 创建区域文字

"区域文字工具" ⊤常用于制作不规则形状文字排列效果。使用该工具可以在矢量图形构成的区域范围中添加文字。

选择工具箱中的"区域文字工具" ⊤，移动鼠标指针至路径上，此时鼠标指针变为①形状，如图7-35所示。单击路径将路径转换为文字区域，在文字区域内输入文字，文字被限定在区域形状内，如图7-36所示。

图 7-35

图 7-36

用户还可以使用"直排区域文字工具" ⊤创建自上而下、自右向左垂直排列的区域文字，如图7-37和图7-38所示。

图 7-37

图 7-38

知识链接

选择创建的区域文字，执行"文字"|"区域文字选项"命令，可以打开"区域文字选项"对话框，对区域文字的参数进行设置，如图7-39所示。

该对话框中部分选项的作用如下。

● 宽度/高度：设置区域的宽度和高度。

● 数量：设置区域划分的行或列的数量，文字将按照区域划分依次排列。如图7-40和图7-41所示分别为划分为2行和2列的效果。

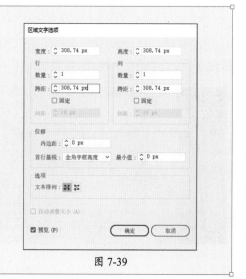

图 7-39

图 7-40   图 7-41

7.1.4　创建路径文字

使用"路径文字工具" ～和"直排路径文字工具" ～可以创建基于路径的文字，即文字沿已有路径在路径上或路径下排列。

选择工具箱中的"路径文字工具" ～，移动鼠标指针至路径上，此时鼠标指针变为～形状，如图7-42所示。在路径上单击并输入文字，文字沿路径排列，如图7-43所示。

图 7-42   图 7-43

也可以使用"直排路径文字工具" ～创建路径文字，该工具创建的路径文字纵向排列在路径上，如图7-44和图7-45所示。

图 7-44   图 7-45

选中路径文字，执行"文字"|"路径文字"|"路径文字选项"命令，打开"路径文字选项"对话框，如图7-46所示。在该对话框中可对路径文字对象进行调整。

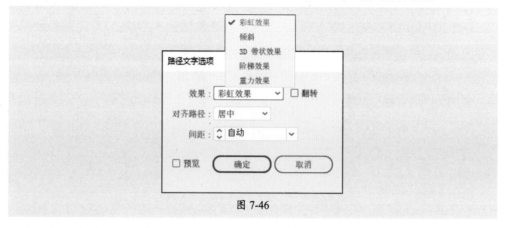

图 7-46

💬 **技巧点拨**

使用"文字工具"T在开放路径上方单击，可以创建路径文字；在闭合路径上单击，可以创建区域文字。

7.1.5 插入特殊字符

通过"字形"面板，可以插入特殊文字或字符。执行"窗口"|"文字"|"字形"命令，打开"字形"面板，如图7-47所示。在该面板中双击需要的字符即可将其插入到当前插入符所在的位置。

图 7-47

7.2 设置文字

用户既可以在控制栏中设置文字属性，也可以通过"字符"面板和"段落"面板对文字进行调整。下面将对此进行介绍。

7.2.1 编辑文字的属性

1. 设置字体

单击工具箱中的"文字工具" T 按钮，在画板中的合适位置单击，在控制栏中设置填充颜色，单击字符选项右侧的"倒三角" 按钮，在下拉列表中选择合适的字体，如图7-48所示。在设置文字大小的选项中输入文字的数值，然后在画板中单击并输入文字，如图7-49所示。

图 7-48　　　　　　　　　　　　图 7-49

技巧点拨

输入文字时，按Enter键可以换行；按Esc键可以退出文字编辑状态。若需要移动变换文字，首先需要退出文字编辑状态。

2. 设置字号

退出文字编辑状态后，还可以对文字大小等参数进行更改。选中"文字工具" T，移动鼠标指针至要修改的文字前方或后方单击插入光标，也可以双击输入的文字，进入文本编辑状态，在要修改的文字前后插入光标，如图7-50所示。按住鼠标左键向文字的方向拖动选中文字，如图7-51所示。选中文字后即可在控制栏中修改文字字号，效果如图7-52所示。

图 7-50

图 7-51

图 7-52

3. 设置颜色

　　如果要更改文字的颜色，可以利用拾色器工具在"颜色"面板、"色板"面板中为文字更改颜色，如图7-53所示。用户也可以选中单个文字，在控制栏中修改其颜色，如图7-54所示。

图 7-53

图 7-54

7.2.2 　"字符"面板的应用

　　若想对文字进行更丰富的参数设置，可以选中文字对象，执行"窗口"|"文字"|"字符"命令，或按Ctrl+T组合键，打开"字符"面板，如图7-55所示。在该面板中进行设置即可。

图 7-55

　　"字符"面板中各参数的作用如下。

- **设置字体系列：** 在下拉列表中可以选择文字的字体。
- **设置字体样式：** 设置所选字体的字体样式。
- **设置字体大小：** 在下拉列表中可以选择字体大小，也可以输入自定义数字。
- **设置行距：** 用于设置字符行的间距。

- **垂直缩放**⟨T⟩：用于设置文字的垂直缩放百分比。
- **水平缩放**⟨I⟩：用于设置文字的水平缩放百分比。
- **设置两个字符间距微调**⟨VA⟩：用于微调两个字符间的间距。
- **设置所选字符的字距调整**⟨VA⟩：用于设置所选字符的间距。
- **比例间距**⟨ ⟩：用于设置日语字符的比例间距。
- **插入空格（左）**⟨ ⟩：用于在字符左端插入空格。
- **插入空格（右）**⟨ ⟩：用于在字符右端插入空格。
- **设置基线偏移**⟨A⟩：用于设置文字与文字基线之间的距离。
- **字符旋转**⟨T⟩：用于设置字符旋转角度。
- TT Tr T¹ T₁ I Ŧ：用于设置字符效果。
- **语言**：用于设置文字的语言类型。
- **设置消除锯齿方法**⟨a⟩：用于设置文字消除锯齿的方式。

7.2.3 "段落"面板的应用

在"段落"面板中，可以设置段落文字或多行的点文字的对齐方式、缩进数值等参数。执行"窗口"│"文字"│"段落"命令，即可打开"段落"面板，如图7-56所示。

图 7-56

"段落"面板中各参数的作用如下。

- **左对齐**≣：文字将与文本框的左侧对齐。
- **居中对齐**≣：文字将按照中心线和文本框对齐。
- **右对齐**≣：文字将与文本框的右侧对齐。
- **两端对齐，末行左对齐**≣：在每一行中尽量多地排入文字，行两端与文本框两端对齐，最后一行和文本框的左侧对齐。
- **两端对齐，末行居中对齐**≣：在每一行中尽量多地排入文字，行两端与文本框两端对齐，最后一行和文本框的中心线对齐。
- **两端对齐，末行右对齐**≣：在每一行中尽量多地排入文字，行两端与文本框两端对齐，最后一行和文本框的右侧对齐。

- **全部两端对齐**≣：文本框中的所有文字将按照文本框两侧进行对齐，中间通过添加字间距来填充，文本的两侧保持整齐。
- **左缩进**⊧：在文本框中输入相应数值，文本的左侧边缘向右侧缩进。
- **右缩进**⊩：在文本框中输入相应数值，文本的右侧边缘向左侧缩进。
- **首行左缩进**≣：在文本框中输入相应数值，文本的第一行左侧向右侧缩进。
- **段前间距**≡：在文本框中输入相应数值，设置段前间距。
- **段后间距**≣：在文本框中输入相应数值，设置段后间距。
- **避头尾集：**设定不允许出现在行首或行尾的字符。该功能只对段落文字或区域文字有效。
- **标点挤压集：**用于设定亚洲字符、罗马字符、标点符号、特殊字符、行首、行尾和数字之间的间距。

💬 技巧点拨

默认情况下，"段落"面板中仅显示常用选项，如图7-57所示。单击右上角的菜单 ≣ 按钮，在弹出的下拉菜单中选择"显示选项"命令，即可显示完整的选项。

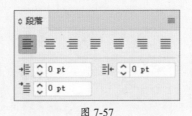

图 7-57

7.2.4 文本排列方向的更改

使用文字工具输入文字后，若想修改文字方向，可以通过执行"文字"|"文字方向"命令来实现。

选中输入的横排文字，执行"文字"|"文字方向"|"垂直"命令，即可将文字排列的方向由水平更改为垂直，如图7-58和图7-59所示。

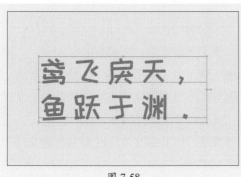

图 7-58

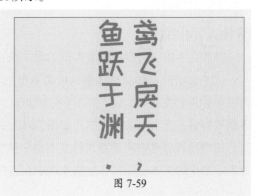

图 7-59

7.3　文字的编辑和处理 //

除了以上文字属性的设置外，用户还可以修改文档中的文本信息。本节将针对文字编辑的相关功能进行讲解。

7.3.1　文本框的串联

杂志或者书籍中文字分栏的效果大多都是通过文本框的串联实现的。通过串联文本框，可以使当前文本框中未显示完全的文本在其他区域显示，被串联的文本处于连通状态，若其中一个文本框的尺寸缩小，多余的文字将显示在缩小文本框的后一个文本框中。

1. 建立文本串联 ────────────────────────────────────○

当文本框中的文字超过文本框后，在文本框的右下角会出现溢出标记⊞，如图7-60所示。在使用"选择工具" ▶ 的情况下，移动鼠标指针至溢出标记⊞处，待指针变形状时单击溢出标记⊞，移动鼠标指针至空白处，鼠标指针变为▶形状，如图7-61所示。在空白处单击鼠标左键，即出现一个与原文本框串接的新文本框，如图7-62所示。

图 7-60　　　　　　　　　　图 7-61　　　　　　　　　　图 7-62

> 💬 **技巧点拨**
>
> 用户也可以待鼠标指针变为▶形状时在空白处按住鼠标左键拖动绘制文本框。

选中两个独立文本框，执行"文字"|"串接文本"|"创建"命令，可以将两个独立的文本框进行串联。

2. 释放文本串联 ────────────────────────────────────○

释放文本串联可以解除文本框的串联关系，使文字集中到一个文本框内。

选中文本框，移动鼠标指针至文本框的▶标记处，待鼠标指针变为▶形状时单击，此时鼠标指针变为▶形状，如图7-63所示。再次单击即可释放文本串联，默认后一个文本框被释放，变为空的文本框，如图7-64所示。空白文本框可按Delete键删除。

用户也可以选中需要释放的文本框，执行"文字"|"串接文本"|"释放所选文字"命令，选中的文本框即可释放文本串联变为空的文本框。

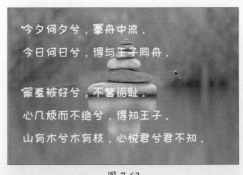

图 7-63 图 7-64

3. 移去文本串联

若想解除文本框之间的串联关系，使其成为独立的文本框，且各文本框保留其文本内容，选中串联的文本框，执行"文字"|"串接文本"|"移去串接文字"命令即可。

7.3.2　查找和替换文字字体

在制作文字的过程中，用户可以通过"查找字体"命令快速选中文本中字体相同的对象，也可以批量更改选中文字的字体。

选中段落文字，如图7-65所示。执行"文字"|"查找字体"命令，打开"查找字体"对话框，如图7-66所示。

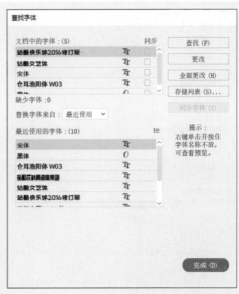

图 7-65 图 7-66

在"文档中的字体"列表框中选择字体，单击"查找"按钮，即可在画板中选中相应的文字，如图7-67所示。设置"替换字体来自"选项，在"文档中的字体"列表中选择一种字体，单击"更改"按钮，即可将选中的文字字体替换为选择的字体，如图7-68所示。此时默认切换至下一字体文字。

图 7-67   图 7-68

若要将文档中所有该字体的文字替换为另一种字体，单击"全部更改"按钮即可。

7.3.3　文字大小写的替换

使用文字大小写命令可以改变英文字母的大小写。

选择要更改的文字，执行"文字"|"更改大小写"命令，在弹出的子菜单中执行相应的子命令，如图7-69所示，即可按照命令更改字母大小写。如图7-70所示为不同命令的对比效果。

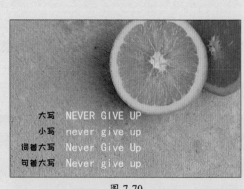

图 7-69   图 7-70

"更改大小写"命令中各子命令的作用如下。

- **大写**：将所有字符更改为大写。
- **小写**：将所有字符更改为小写。
- **词首大写**：将每个单词的首字母大写。
- **句首大写**：将每个句子的首字母大写。

7.3.4 文字绕图排列

文字绕图排列是一种常见的文字编排形式。通过文本绕排可以很好地融合文字与对象，使其互不遮挡，营造图文并茂的美感。用户可以将区域文本绕排在任何对象的周围。

创建段落文字，移动图像至段落文字上方，如图7-71所示。选中段落文字和素材，执行"对象"|"文本绕排"|"建立"命令，在弹出的提示对话框中单击"确定"按钮，即可创建文本绕排效果，如图7-72所示。

图 7-71

图 7-72

若想设置文本与素材之间的间距，可以执行"对象"|"文本绕排"|"文本绕排选项"命令，打开"文本绕排选项"对话框，如图7-73所示。在该对话框中设置参数即可调整文字与素材的间距。

选中素材对象，移动其位置，绕排效果也随之变化，如图7-74所示。

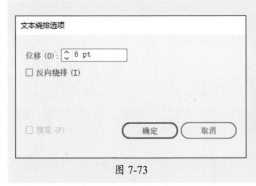

图 7-73

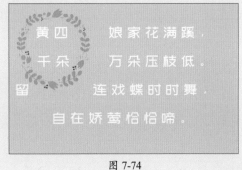

图 7-74

7.3.5 拼写检查

输入完文本后，执行"拼写检查"命令可以对指定的文本进行检查，修正拼写和基本的语法错误。

选中文本对象，如图7-75所示。执行"编辑"|"拼写检查"命令，或按Ctrl+I组合键，打开"拼写检查"对话框，如图7-76所示。

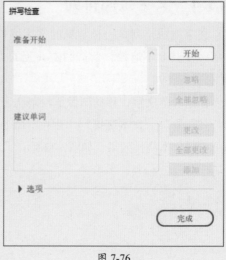

图 7-75　　　　　　　　　　　　　　　　　　　　图 7-76

　　单击"开始"按钮开始检查，上方的"准备开始"文本框中会显示错误的单词，并提示这是个未找到的单词，下方的"建议单词"文本框内会显示建议使用的单词，这些单词是和错误单词非常相近的单词，如图7-77所示。

　　在"建议单词"文本框中选择需要的单词，单击"更改"按钮，即可更改显示错误的单词，如图7-78所示。

图 7-77　　　　　　　　　　　　　　　　　　　　图 7-78

"拼写检查"对话框中部分按钮的作用如下。

● **忽略/全部忽略**：忽略或全部忽略将继续拼写检查，而不更改特定的单词。

● **更改**：从"建议单词"文本框中选择一个单词，或在顶部的文本框中输入正确的单词，然后单击"更改"按钮即可更改选中的拼写错误的单词。

- **全部更改：** 更改文档中与选中单词出现相同拼写错误的所有单词。
- **添加：** 可以将一些被认为错误的单词添加到词典中，这样在以后的操作中不会再将其判断为拼写错误。

7.3.6 智能标点

"智能标点"命令主要是用于搜索文档中的键盘标点字符并替换为印刷体标点字符。

选中一段文本，执行"文字"|"智能标点"命令，打开"智能标点"对话框，在该对话框中可以设置参数，如图7-79所示。

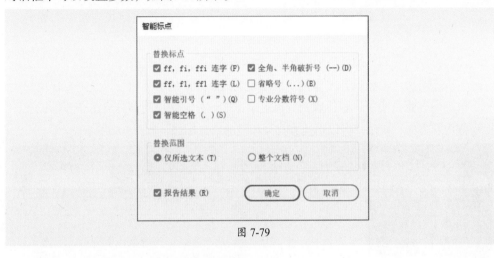

图 7-79

"智能标点"对话框中各选项的作用如下。

- **ff，fi，ffi连字：** 将ff、fi或ffi字母组合转换为连字。
- **ff，fl，ffl连字：** 将ff、fl或ffl字母组合转换为连字。
- **智能引号：** 将键盘上的直引号改为弯引号。
- **智能空格：** 消除句号后的多个空格。
- **全角、半角破折号：** 用半角破折号替换两个键盘破折号，用全角破折号替换三个键盘破折号。
- **省略号：** 用省略点替换三个键盘句点。
- **专业分数符号：** 用同一种分数字符替换用来表示分数的各种字符。
- **替换范围：** 选中"仅所选文本"单选按钮，仅替换所选文本中的符号；选中"整个文档"单选按钮，可替换整个文档中的符号。
- **报告结果：** 选中"报告结果"复选框，可看到所替换符号数的列表。

自己练 / 设计网站首页

案例路径 云盘\实例文件\第7章\自己练\设计网站首页

项目背景 企业网站可用于塑造公司形象，辅助公司发展，而网站首页就是网站的门面。"大象设计工作室"为了宣传企业文化和拓展企业业务，现委托某公司为其设计公司网站首页，要求网站首页版面简约、突出企业标识。

项目要求 ①整体颜色的使用以标识色为主。

②版式的比例分配主次分明，排列方式要求层次一致，版式的设计要简单但不失设计感，并可以让用户迅速地找到自己需要的内容。

③网页尺寸为1080像素×768像素。

项目分析 "大象设计工作室"网站首页的版式简洁、突出标识，需要让用户了解的内容直白明了，整体版式分为上中下三部分，在中间部分突出企业标识和所需内容方向，使用户可以迅速查找到相关的信息标题，如图7-80所示。

图 7-80

课时安排 2课时。

Illustrator

第 **8** 章

包装设计
——效果详解

本章概述

　　Illustrator软件中的效果可以在不改变对象本质的情况下改变对象的外观，使其呈现不同的效果。用户可以通过"外观"面板对对象应用的效果以及对象属性进行修改。通过本章的学习，可以帮助用户了解Illustrator软件中不同效果的特点、作用等，并对如何管理效果有所了解。

要点难点

- 应用效果 ★☆☆
- 3D效果组 ★★☆
- "扭曲和变换"效果组 ★★★
- "风格化"效果组 ★★☆

跟我学 饼干包装盒设计 //////////////////////////

学习目标 本案例将练习制作饼干盒包装，使用绘图工具绘制饼干盒造型，通过添加效果丰富饼干盒外包装效果，使用3D效果制作立体包装，使设计效果更加逼真。通过本实例，了解不同效果的应用，学会管理效果，学会使用"外观"面板。

案例路径 云盘\实例文件\第8章\跟我学\饼干包装盒设计

步骤 01 执行"文件"|"新建"命令，打开"新建文档"对话框，新建一个A3大小的横向空白文档，如图8-1所示。

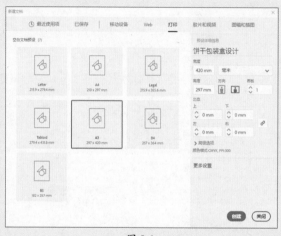

图 8-1

步骤 02 选择"矩形工具"□在画板中单击，在弹出的"矩形"对话框中设置参数，如图8-2所示。设置完成后单击"确定"按钮，新建一个60mm×150mm的矩形。

步骤 03 在控制栏中设置矩形的填充色为棕色（C:30，M:50，Y:75，K:10），描边为无，效果如图8-3所示。

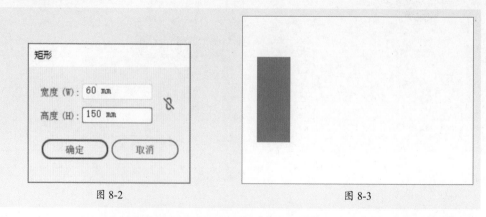

图 8-2   图 8-3

步骤 04 选中绘制的矩形，执行"效果"|"风格化"|"涂抹"命令，打开"涂抹选项"对话框，在该对话框中选择"素描"，如图8-4所示。

步骤 05 设置完成后单击"确定"按钮，效果如图8-5所示。

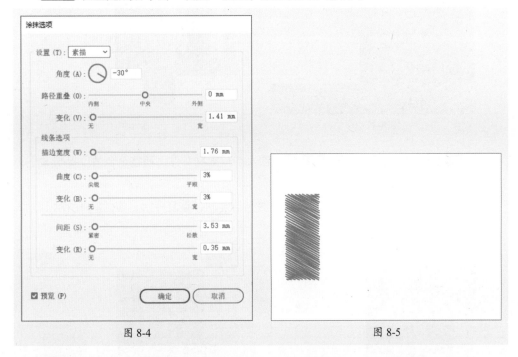

图 8-4   图 8-5

步骤 06 使用相同的方法继续绘制50mm×150mm的矩形、50mm×60mm的矩形，并设置相同的填充色，部分添加"涂抹"效果，如图8-6所示。

步骤 07 使用"矩形工具"▢绘制60mm×12mm的矩形，设置描边为黑色，填充色为白色，如图8-7所示。

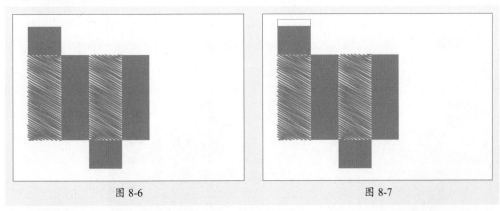

图 8-6   图 8-7

步骤 08 使用"直接选择工具"▷选中新绘制矩形上部的锚点，调整其位置，设置成圆角，如图8-8所示。

步骤 09 使用相同的方法，绘制其他矩形并调整，如图8-9所示。

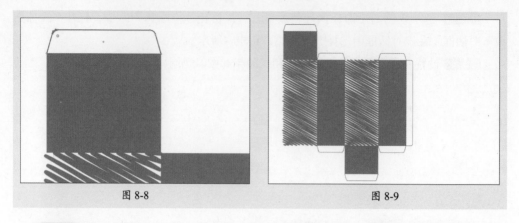

图 8-8   图 8-9

步骤 10 执行 "文件" | "置入" 命令，置入本章素材文件，调整至合适位置与大小，如图8-10所示。

步骤 11 选中置入的素材文件，按住Alt键拖动复制，重复一次，如图8-11所示。

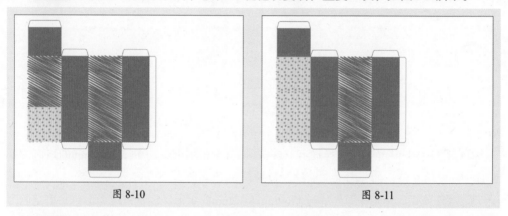

图 8-10   图 8-11

步骤 12 选中素材对象，按Ctrl+G组合键编组。执行 "窗口" | "透明度" 命令，在弹出的 "透明度" 面板中设置混合模式为 "滤色"，不透明度为75%，效果如图8-12所示。

步骤 13 使用 "矩形工具" ▤在画板中的合适位置绘制一个36mm×48mm的矩形，并设置填充色为棕色，如图8-13所示。

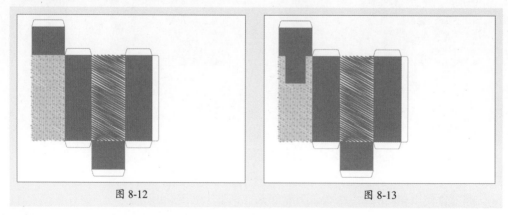

图 8-12   图 8-13

步骤 **14** 在新绘制的矩形上继续绘制一个20mm×48mm的矩形，设置填充色为白色，如图8-14所示。

步骤 **15** 在画板中的合适位置继续绘制一个25mm×6mm的矩形，设置填充色为棕色，如图8-15所示。

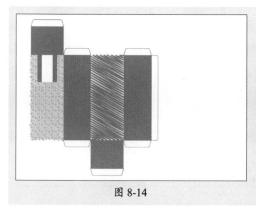
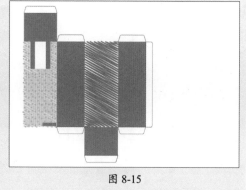

图 8-14   图 8-15

步骤 **16** 选中新绘制的矩形，执行"效果"|"风格化"|"圆角"命令，打开"圆角"对话框，在该对话框中设置半径为2mm，效果如图8-16所示。

步骤 **17** 选择"直排文字工具" ᵀ，在画板中的合适位置单击并输入文字，在控制栏中设置文字颜色为深棕色（C:40，M:70，Y:100，K:50），字体为"站酷快乐体2016修订版"，字号为24pt，效果如图8-17所示。

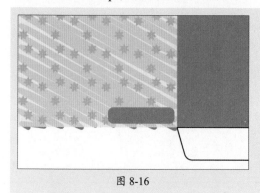

图 8-16   图 8-17

步骤 **18** 使用"文字工具" T，继续输入文字，如图8-18所示。

图 8-18

步骤19 执行"文件"|"置入"命令，置入本章素材文件"曲奇.png"，调整至合适位置与大小，如图8-19所示。

步骤20 选中第1块矩形上的内容，按住Alt键拖动至第3块矩形上，如图8-20所示。

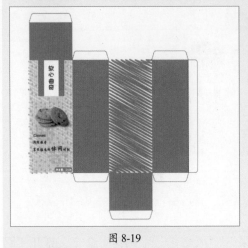

图 8-19

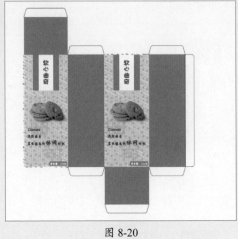

图 8-20

步骤21 执行"文件"|"置入"命令，置入本章素材文件"条形码.jpg"，调整至合适位置与大小，如图8-21所示。

步骤22 使用"矩形工具" ▢ 在画板中的合适位置绘制矩形，设置其填充色为无，描边为白色，粗细为0.75pt，如图8-22所示。

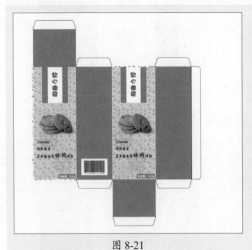

图 8-21

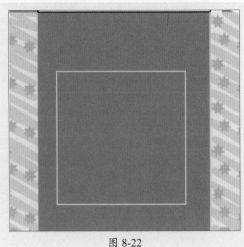

图 8-22

步骤23 在矩形中绘制直线，如图8-23所示。

步骤24 使用"文字工具" T 输入文字，字体设置为"仓耳渔阳体"，字号首行设置为8pt，其他设置为7pt，如图8-24所示。

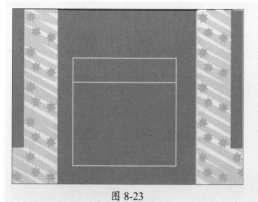

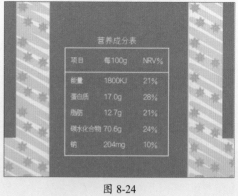

| 图 8-23 | 图 8-24 |

步骤 25 使用相同的方法，继续输入其他文字，并添加直线间隔，如图8-25所示。

步骤 26 使用"直排文字工具" IT 在第4块矩形上输入文字，设置字体为"庞门正道粗书体"，效果如图8-26所示。

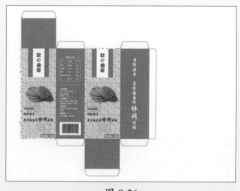

| 图 8-25 | 图 8-26 |

步骤 27 选中输入的文字，单击控制栏中的"制作封套" 按钮，打开"变形选项"对话框，在该对话框中选择样式为"旗形"，方向为"垂直"，如图8-27所示。

步骤 28 单击"确定"按钮，应用变形，效果如图8-28所示。

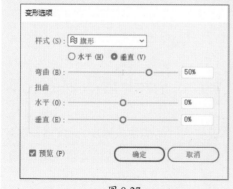

| 图 8-27 | 图 8-28 |

步骤 29 使用"椭圆工具" ◯，按住Shift键在最上方棕色矩形上绘制正圆，如图8-29所示。

步骤 30 选中绘制的正圆，按住Alt键拖动复制，并调整至合适大小，如图8-30所示。

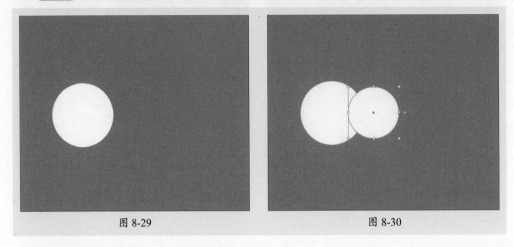

图 8-29　　　　　　　　　　　　　图 8-30

步骤 31 执行"窗口"｜"路径查找器"命令，打开"路径查找器"面板。选中两个圆形，单击"路径查找器"面板中的"减去顶层" ◻ 按钮，效果如图8-31所示。

步骤 32 选中调整后的复合路径，执行"效果"｜"扭曲和变换"｜"粗糙化"命令，打开"粗糙化"对话框，在该对话框中设置参数，如图8-32所示。设置完成后单击"确定"按钮。

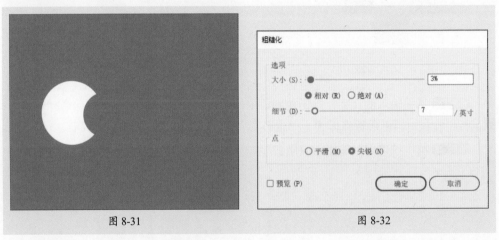

图 8-31　　　　　　　　　　　　　图 8-32

步骤 33 使用"椭圆工具" ◯ 在复合路径上绘制正圆，并设置填充色为深棕色（C:40，M:70，Y:100，K:50），如图8-33所示。

步骤 34 使用"文字工具" T 输入文字，字体设置为"站酷快乐体2016修订版"，字号为36pt，如图8-34所示。

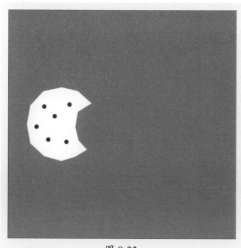
图 8-33

图 8-34

步骤 35 至此，完成平面包装的设计，如图8-35所示。

步骤 36 选中第1块矩形中的所有内容，按Ctrl+G组合键编组，如图8-36所示。

图 8-35

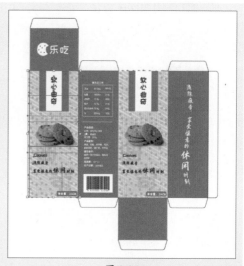
图 8-36

步骤 37 选中第4块矩形中的所有内容，按Ctrl+G组合键编组；选中最上方棕色矩形上的所有内容，按Ctrl+G组合键编组，如图8-37所示。

步骤 38 执行"窗口"｜"符号"命令，打开"符号"面板。选中第1块矩形编组，单击"符号"面板中的"新建符号" ◼ 按钮，在弹出的"符号选项"对话框中设置参数，如图8-38所示。

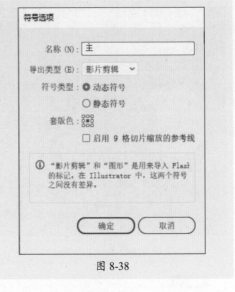

图 8-37　　　　　　　　　　　　　图 8-38

步骤39 设置完成后单击"确定"按钮，即可将选中对象新建为符号，如图8-39所示。

步骤40 使用相同的方法，添加另外两组对象为符号，如图8-40所示。

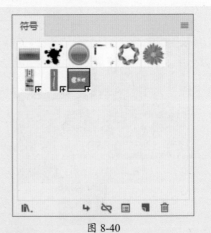

图 8-39　　　　　　　　　　　　　图 8-40

步骤41 使用"矩形工具" ▢在画板中绘制一个60mm×150mm的矩形，设置填充色为白色，描边为无，效果如图8-41所示。

步骤42 选中绘制的矩形，执行"效果"｜3D｜"凸出和斜角"命令，打开"3D凸出和斜角选项"对话框，在该对话框中设置"位置"为"离轴-前方"，"凸出厚度"为140pt，如图8-42所示。

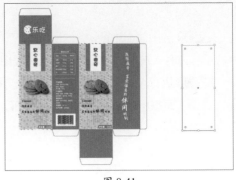

图 8-41

步骤 43 单击"3D凸出和斜角选项"对话框中的"贴图"按钮,打开"贴图"对话框,此时默认选中主视图,如图8-43所示。

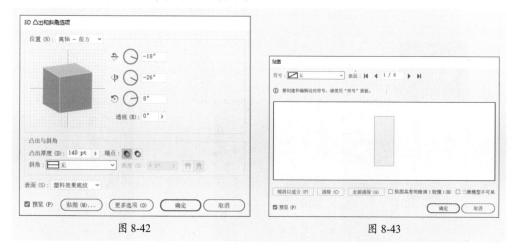

图 8-42   图 8-43

步骤 44 在"符号"下拉列表中选择"主"符号,如图8-44所示。

步骤 45 单击"下一个表面"▶按钮,重复单击,切换至第5个表面,在"符号"下拉列表中选择"侧"符号,并调整符号方向,如图8-45所示。

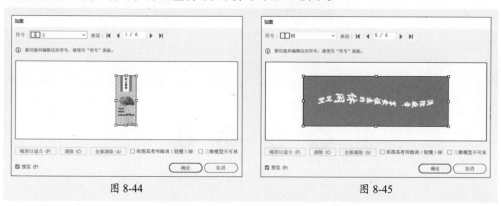

图 8-44   图 8-45

步骤 46 单击"下一个表面"▶按钮,切换至第6个表面,在"符号"下拉列表中选择"顶"符号,如图8-46所示。

图 8-46

步骤 47 设置完成后单击"确定"按钮，返回"3D凸出和斜角选项"对话框，单击"确定"按钮，即可应用效果，如图8-47所示。

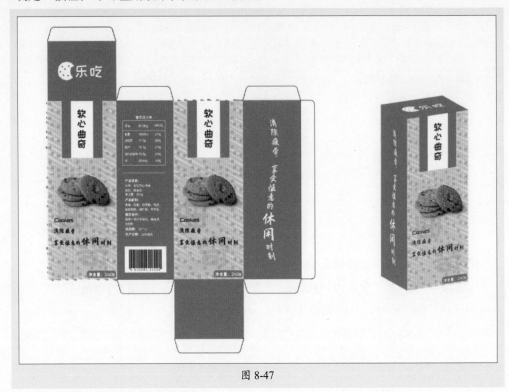

图 8-47

至此，完成饼干盒的设计。

听 我 讲 Listen to me

8.1 "效果"菜单

通过Illustrator软件中的效果组，可以在不更改对象原始信息的情况下，为对象添加效果。单击"效果"菜单，在弹出的下拉菜单中即可看到效果组，如图8-48所示。本节将针对"效果"菜单进行介绍。

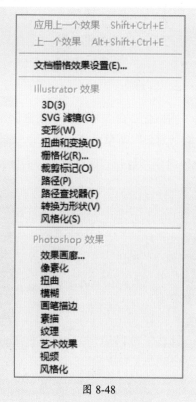

图 8-48

8.1.1 为对象应用效果

应用效果的方式基本一致。选中要应用效果的对象，在"效果"菜单中执行相应的命令，打开设置对话框，设置完成后单击"确定"按钮，即可为选中的对象应用效果。

以应用"涂抹"效果为例进行介绍，选中矢量对象，如图8-49所示。执行"效果"｜"风格化"｜"涂抹"命令，打开"涂抹选项"对话框，如图8-50所示。在该对话框中设置参数，设置完成后单击"确定"按钮，即可应用"涂抹"效果，如图8-51所示。

图 8-49

图 8-50

图 8-51

8.1.2　栅格化效果

应用"效果"菜单中的"栅格化"命令可以创建栅格化外观，使对象暂时变为位图对象，而不影响其本质，这和"对象"菜单中的"栅格化"命令是不同的。

执行"效果"|"栅格化"命令，打开"栅格化"对话框，如图8-52所示。在该对话框中可对栅格化选项进行设置。

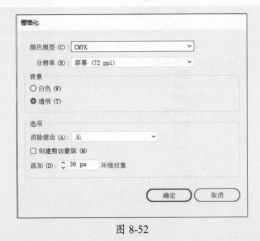
图 8-52

"栅格化"对话框中各选项的作用如下。

● **颜色模型**：用于确定在栅格化过程中所用的颜色模型。

● **分辨率**：用于确定栅格化图像中每英寸的像素数。

● **背景**：用于确定矢量图形的透明区域如何转换为像素。选中"白色"单选按钮可用白色像素填充透明区域，选中"透明"单选按钮可使背景透明。

● **消除锯齿**：应用消除锯齿效果，以改善栅格化图像的锯齿边缘外观。

● **创建剪切蒙版**：创建一个使栅格化图像的背景显示为透明效果的蒙版。

● **添加环绕对象**：可以通过指定像素值，为栅格化图像添加边缘填充或边框。

8.1.3　修改或删除效果

若想对效果进行修改或者删除，可以通过"外观"面板实现。

1. 修改效果

选中要修改效果的对象，如图8-53所示。执行"窗口"|"外观"命令，或按
Shift+F6组合键，打开"外观"面板，如图8-54所示。

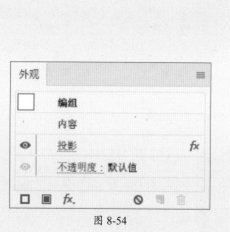

图 8-53　　　　　　　　　　　　　　　　　　图 8-54

在"外观"面板中选中需要修改的效果名称并单击，即可打开相应的效果对话框，
如图8-55所示。在效果对话框中修改参数，设置完成后单击"确定"按钮，效果如
图8-56所示。

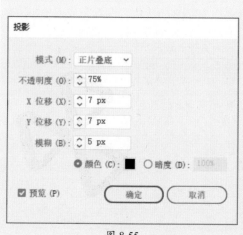

图 8-55　　　　　　　　　　　　　　　　　　图 8-56

2. 删除效果

在"外观"面板中选中要删除的效果，如图8-57所示。单击"外观"面板右下角的"删除" 🗑 按钮，即可将选中的效果删除，效果如图8-58所示。

图 8-57 　　　　　　　　　　　　　　　　　　　图 8-58

8.2　3D效果组

3D效果组包括"凸出和斜角""绕转""旋转"3种效果。该效果组中的效果主要是通过高光、阴影、旋转以及其他属性来控制对象的3D外观，使二维图像呈现三维图像的效果。

8.2.1　"凸出和斜角"效果

通过"凸出和斜角"效果，可以增加对象的厚度从而创建立体效果。

选中对象，如图8-59所示。执行"效果"|3D|"凸出和斜角"命令，打开"3D凸出和斜角选项"对话框，在该对话框中设置参数，如图8-60所示。设置完成后单击"确定"按钮，效果如图8-61所示。

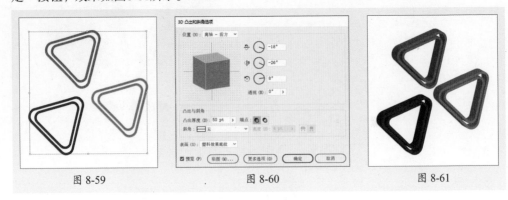

图 8-59 　　　　　　　　　　图 8-60 　　　　　　　　　　图 8-61

"3D凸出和斜角选项"对话框中常用选项的作用如下。

● **位置：** 设置对象如何旋转以及观看对象的透视角度。可以在下拉列表中选择预设

位置选项，也可以通过右侧的 3 个文本框进行不同方向的旋转调整，或直接使用
鼠标拖动。

● **透视**：调整对象的透视效果。数值设置为 0° 时，没有任何效果，角度越大透视
效果越明显。

● **凸出厚度**：设置对象深度，介于 0 到 2000 之间的值。

● **端点**：指定显示的对象是实心（开启端点 ● ）还是空心（关闭端点 ● ）对象。

● **斜角**：沿对象的深度轴（z 轴）应用所选类型的斜角边缘。

● **高度**：设置 1 到 100 之间的高度值。

● **斜角外扩 █**：将斜角添加至对象的原始形状。

● **斜角内缩 █**：自对象的原始形状砍去斜角。

● **表面**：控制表面底纹。选择"线框"选项，绘制对象几何形状的轮廓，并使每个
表面透明；选择"无底纹"选项，不向对象添加任何新的表面属性；选择"扩散
底纹"选项，使对象以一种柔和、扩散的方式反射光；选择"塑料效果底纹"选
项，使对象以一种闪烁、光亮的材质模式反射光。

单击"更多选项"按钮可以查看完整的选项列表。

● **光源强度**：控制光源的强度。

● **环境光**：控制全局光照，统一改变所有对象的表面亮度。

● **高光强度**：控制对象反射光的多少。

● **高光大小**：控制高光的大小。

● **混合步骤**：控制对象表面所表现出来的底纹的平滑程度。

● **底纹颜色**：控制底纹的颜色。

● **后移光源按钮 ∞**：将选定光源移到对象后面。

● **前移光源按钮 ∞**：将选定光源移到对象前面。

● **新建光源按钮 █**：用来添加新的光源。

● **删除光源按钮 ░**：用来删除所选的光源。

● **保留专色**：保留对象中的专色，如果在"底纹颜色"选项中选择了"自定"，则
无法保留专色。

● **绘制隐藏表面**：显示对象的隐藏背面。如果对象透明，或是展开对象并将其拉开
时，便能看到对象的背面。

8.2.2 "绕转"效果

通过"绕转"效果，可以使路径或图形沿垂直方向做圆周运动从而创建立体效果。
选中对象，如图 8-62 所示。执行"效果"|3D|"绕转"命令，打开"3D 绕转选项"
对话框，在该对话框中设置参数，如图 8-63 所示。设置完成后单击"确定"按钮，效果
如图 8-64 所示。

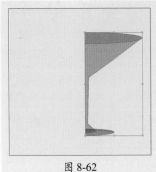
图 8-62

图 8-63

图 8-64

"3D绕转选项"对话框中部分选项的作用如下。

- **角度：** 用于设置 0°到 360°之间的路径绕转度数。
- **端点：** 用于指定显示的对象是实心（打开端点 ●）还是空心（关闭端点 ●）对象。
- **位移：** 在绕转轴与路径之间添加距离。
- **自：** 设置对象绕转的轴，有"左边"和"右边"两个选项。

8.2.3 "旋转"效果

若想使一个二维或三维对象进行空间上的旋转，创建空间上的透视效果，可以使用"旋转"效果。

首先选中对象，如图8-65所示。执行"效果"|3D|"旋转"命令，在弹出的"3D旋转选项"对话框中，设置相应的参数，如图8-66所示。设置完成后单击"确定"按钮，效果如图8-67所示。

图 8-65

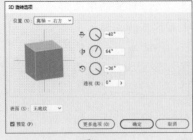
图 8-66

图 8-67

"3D旋转选项"对话框中部分选项的作用如下。

- **位置：** 设置对象如何旋转以及观看对象的透视角度。
- **透视：** 用来控制透视的角度。
- **表面：** 创建各种形式的表面。

8.3 "扭曲和变换"效果组 //

"扭曲和变换"效果组中包括"变换""扭扭""扭转""收缩和膨胀""波纹""粗糙化"和"自由扭曲"7种效果。该组中的效果可以在不改变对象的基本几何形状的情况下，改变对象的形状。下面将对此进行介绍。

8.3.1 "变换"效果

通过"变换"效果，可以缩放、调整、移动或镜像对象。

选中对象，如图8-68所示。执行"效果"|"扭曲和变换"|"变换"命令，打开"变换效果"对话框，在该对话框中设置参数，如图8-69所示。设置完成后单击"确定"按钮，效果如图8-70所示。

图 8-68

图 8-69

图 8-70

"变换效果"对话框中部分选项的作用如下。

- **缩放**：通过在选项区域中分别调整"水平"和"垂直"文本框中的参数值，定义缩放比例。
- **移动**：通过在选项区域中分别调整"水平"和"垂直"文本框中的参数值，定义移动的距离。
- **角度**：在文本框中设置相应的数值，定义旋转的角度，或拖动控制柄进行旋转。
- **对称X/对称Y**：选中该复选框时，可以对对象进行镜像处理。
- **随机**：选中该复选框时，将对调整的参数进行随机变换，而且每一个对象的随机数值并不相同。
- **定位器**▦：定义变换的中心点。

8.3.2 "扭拧"效果

若想使对象随机地向内或向外弯曲和扭曲,可以使用"扭拧"效果。

选中对象,如图8-71所示。执行"效果"|"扭曲和变换"|"扭拧"命令,打开"扭拧"对话框,在该对话框中设置参数,如图8-72所示。设置完成后单击"确定"按钮,效果如图8-73所示。

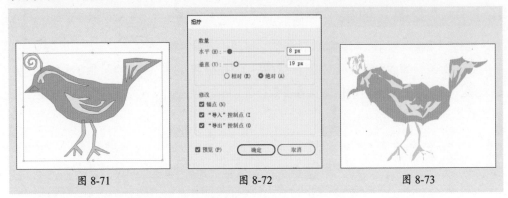

图 8-71   图 8-72   图 8-73

"扭拧"对话框中的部分选项的作用如下。

● **水平:** 在文本框中输入相应的数值,可以定义对象在水平方向的扭拧幅度。

● **垂直:** 在文本框中输入相应的数值,可以定义对象在垂直方向的扭拧幅度。

● **相对:** 选中该单选按钮时,将定义调整的幅度为原水平的百分比。

● **绝对:** 选中该单选按钮时,将定义调整的幅度为具体的尺寸。

● **锚点:** 选中该复选框时,将修改对象中的锚点。

●**"导入"控制点:** 选中该复选框时,将修改对象中的导入控制点。

●**"导出"控制点:** 选中该复选框时,将修改对象中的导出控制点。

8.3.3 "扭转"效果

通过"扭转"效果,可以使对象的形状发生顺时针或逆时针扭转。

选中对象,如图8-74所示。执行"效果"|"扭曲和变换"|"扭转"命令,打开"扭转"对话框,在该对话框中设置参数,如图8-75所示。设置完成后单击"确定"按钮,效果如图8-76所示。

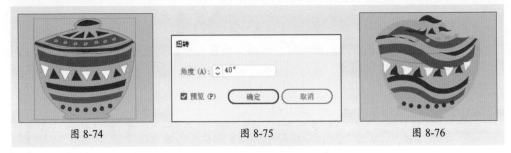

图 8-74   图 8-75   图 8-76

8.3.4 "收缩和膨胀"效果

若想使对象发生收缩和膨胀变形，可以使用"收缩和膨胀"效果。使用该效果将以对象中心点为变形基点。

选中对象，如图8-77所示。然后执行"效果"|"扭曲和变换"|"收缩和膨胀"命令，打开"收缩和膨胀"对话框，如图8-78所示。

图 8-77 图 8-78

💬 技巧点拨

在文本框中输入数值或拖动"收缩和膨胀"对话框中的滑块，当向左拖动滑块即数值为负时，将收缩变形对象，如图8-79所示；当向右拖动滑块即数值为正时，将膨胀变形对象，如图8-80所示。

图 8-79

图 8-80

8.3.5 "波纹"效果

若想使路径边缘发生波纹化扭曲，可以使用"波纹"效果。该效果可以使路径内侧和外侧分别生成波纹或锯齿状线段锚点。

选中对象，如图8-81所示。执行"效果"|"扭曲和变换"|"波纹效果"命令，打开"波纹效果"对话框，在该对话框中设置参数，如图8-82所示。设置完成后单击"确定"按钮，效果如图8-83所示。

图 8-81　　　　　　　　　　图 8-82　　　　　　　　　　图 8-83

"波纹效果"对话框中各选项的作用如下。

- **大小**：定义波纹效果的尺寸。数值越小，波纹的起伏越小。
- **相对**：选中该单选按钮时，将定义调整的幅度为原水平的百分比。
- **绝对**：选中该单选按钮时，将定义调整的幅度为具体的尺寸。
- **每段的隆起数**：通过调整该文本框中的参数，定义每一段路径出现波纹隆起的数量。数值越大，波纹越密集。
- **平滑**：选中该单选按钮时，波纹效果比较平滑。
- **尖锐**：选中该单选按钮时，波纹效果比较尖锐。

8.3.6 "粗糙化"效果

通过"粗糙化"效果，可以将对象的边缘变形为各种大小的尖峰或凹谷的锯齿，使对象看起来很粗糙。

选中对象，如图8-84所示。执行"效果"|"扭曲和变换"|"粗糙化"命令，打开"粗糙化"对话框，在该对话框中设置参数，如图8-85所示。设置完成后单击"确定"按钮，效果如图8-86所示。

"粗糙化"对话框中各选项的作用如下。

- **大小**：定义粗糙化效果的尺寸。数值越大，粗糙程度越大。
- **相对**：选中该单选按钮时，将定义调整的幅度为原水平的百分比。
- **绝对**：选中该单选按钮时，将定义调整的幅度为具体的尺寸。

● **细节**：通过调整该文本框中的参数，定义粗糙化细节每英寸出现的数量。数值越大，细节越丰富。

● **平滑**：选中该单选按钮时，粗糙化的效果比较平滑。

● **尖锐**：选中该单选按钮时，粗糙化的效果比较尖锐。

图 8-84

图 8-85

图 8-86

8.3.7 "自由扭曲"效果

应用"自由扭曲"效果，可通过调整矢量对象的控制点来自由地改变矢量对象的形状。

选中对象，如图8-87所示。执行"效果"|"扭曲和变换"|"自由扭曲"命令，打开"自由扭曲"对话框，在该对话框中调整控制点，如图8-88所示。设置完成后单击"确定"按钮，效果如图8-89所示。

图 8-87

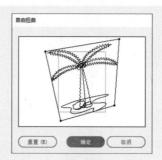
图 8-88

图 8-89

8.4 "路径"效果组

若想对选中的路径进行移动、轮廓化描边等操作，可以通过"路径"效果组中的效果实现。本节将针对与路径相关的效果进行介绍。

8.4.1 "位移路径"效果

使用"位移路径"效果可以沿现有路径的外部或内部轮廓创建新的路径。

选中对象，如图8-90所示。执行"对象"|"路径"|"位移路径"命令，即可打开"偏移路径"对话框，如图8-91所示。

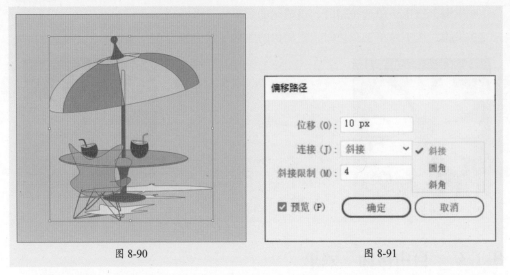

图 8-90 图 8-91

在该对话框中设置参数，完成后单击"确定"按钮，即可为选中对象添加效果。如图8-92～图8-94所示分别为选择"斜接""圆角""斜角"的效果。

图 8-92 图 8-93 图 8-94

"偏移路径"对话框中各选项的作用如下。

● **位移：** 定义路径外扩的尺寸。

● **连接：** 定义路径转换后的拐角和包头方式。

● **斜接限制：** 限制尖锐角的显示。

8.4.2 "轮廓化描边"效果

若想将所选对象的描边转换为图形对象，可以使用"轮廓化描边"效果。该效果可以为描边添加更丰富的效果。

选中对象，执行"效果"|"路径"|"轮廓化描边"命令，即可为对象添加"轮廓化描边"效果。

8.4.3 "路径查找器" 效果

应用 "路径查找器" 效果可以调整对象与对象之间的关系，制作出特殊的效果。与 "路径查找器" 面板不同的是，"路径查找器" 效果需要先编组对象再进行操作。

选中编组对象，如图8-95所示。执行 "效果" | "路径查找器" 命令，显示其子菜单，如图8-96所示。

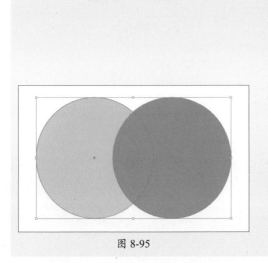

图 8-95　　　　　　　　　　　图 8-96

"路径查找器" 子菜单中各命令的作用如下。

● **相加**：描摹所有对象的轮廓，得到的图形采用顶层对象的颜色属性，如图8-97所示。

● **交集**：描摹对象重叠区域的轮廓，如图8-98所示。

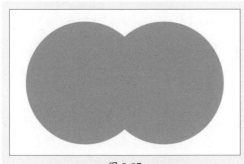

图 8-97　　　　　　　　　　　图 8-98

● **差集**：描摹对象未重叠的区域。若有偶数个对象重叠，则重叠处会变成透明效果；若有奇数个对象重叠，重叠的地方将填充顶层对象颜色，如图8-99和图8-100所示。

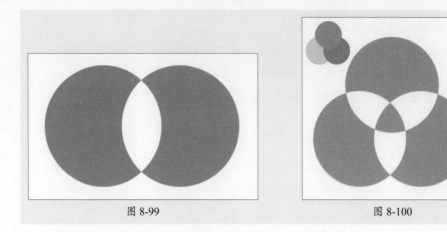

图 8-99   图 8-100

- **相减：** 用最后面的对象减去前面的对象，如图8-101所示。
- **减去后方对象：** 用最前面的对象减去后面的对象，如图8-102所示。

图 8-101   图 8-102

- **分割：** 按照图形的重叠方式，将图形分割为多个部分，为对象描边后可以更清楚地看到分割效果，如图8-103所示。
- **修边：** 用于删除所有描边，且不会合并相同颜色的对象，如图8-104所示。

图 8-103   图 8-104

- **合并：** 删除已填充对象被隐藏的部分。它会删除所有描边并且合并具有相同颜色的相邻或重叠的对象，如图8-105所示。
- **裁剪：** 将图稿分割为作为其构成成分的填充表面，删除图稿中所有落在最上方对象边界之外的部分，还会删除所有描边，如图8-106所示。

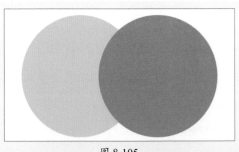

图 8-105　　　　　　　　　　　　　　　　图 8-106

● **轮廓**：将对象分割为其组件线段或边缘，如图8-107所示。

● **实色混合**：通过选择每个颜色组件的最高值来组合颜色，如图8-108所示。

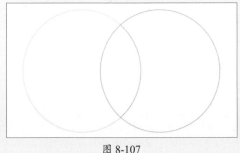

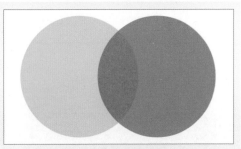

图 8-107　　　　　　　　　　　　　　　　图 8-108

● **透明混合**：使底层颜色透过重叠的图稿可见，然后将图像划分为其构成部分的表面，效果如图8-109所示。执行该命令后将打开"路径查找器选项"对话框，在该对话框中可以设置"混合比率"，如图8-110所示。

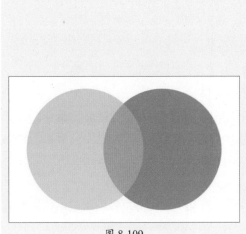

图 8-109　　　　　　　　　　　　　　　　图 8-110

- **陷印**：通过识别较浅色的图稿并将其陷印到较深色的图稿中，为简单对象创建陷印。可以从"路径查找器"面板中应用"陷印"命令，或者将其作为效果进行应用。使用"陷印"效果的好处是可以随时修改陷印设置，如图8-111所示。执行该命令后将打开"路径查找器选项"对话框，在该对话框中可以对陷印设置的参数进行设置，如图8-112所示。

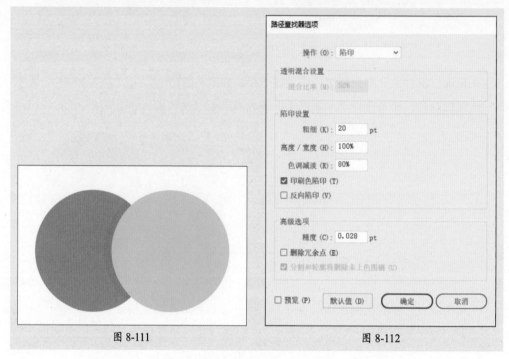

图 8-111　　　　　　　　　　　　　　　　　　　图 8-112

8.5 "转换为形状"效果组

用户可以通过"转换为形状"效果组中的效果将矢量对象的形状转换为矩形、圆角矩形或椭圆。本节将针对该效果组进行介绍。

8.5.1 "矩形"效果

若想将对象转换为矩形，可以使用"矩形"效果。

选中对象，如图8-113所示。执行"效果"|"转换为形状"|"矩形"命令，打开"形状选项"对话框，在该对话框中设置参数，如图8-114所示。设置完成后单击"确定"按钮，即可将选中对象转换为矩形，如图8-115所示。

"形状选项"对话框中部分选项的作用如下。

- **绝对**：选中该单选按钮，可以在"额外宽度"和"额外高度"文本框中输入数值来定义转换的矩形对象的绝对尺寸。

- **相对：** 选中该单选按钮，可以在"额外宽度"和"额外高度"文本框中输入数值来定义转换的矩形对象添加或减少的尺寸。
- **圆角半径：** 定义圆角尺寸。

图 8-113

图 8-114

图 8-115

8.5.2 "圆角矩形"效果

若想将对象转换为圆角矩形，可以使用"圆角矩形"效果。

选中对象，如图8-116所示。执行"效果"|"转换为形状"|"圆角矩形"命令，打开"形状选项"对话框，在该对话框中设置参数，如图8-117所示。设置完成后单击"确定"按钮，即可将选中对象转换为圆角矩形，如图8-118所示。

图 8-116

图 8-117

图 8-118

8.5.3 "椭圆"效果

若想将对象转换为椭圆，可以使用"椭圆"效果。

选中对象，如图8-119所示。执行"效果"|"转换为形状"|"椭圆"命令，打开"形状选项"对话框，在该对话框中设置参数，如图8-120所示。设置完成后单击"确定"按钮，即可将选中对象转换为椭圆，如图8-121所示。

图 8-119　　　　　　　　　　图 8-120　　　　　　　　　　图 8-121

8.6 "风格化"效果组 //

　　"风格化"效果组中包括"内发光""圆角""外发光""投影""涂抹"和"羽化"6
种效果。通过该组中的效果，可以为对象添加内发光、投影等特殊效果。下面将针对该
组中的效果进行介绍。

8.6.1 "内发光"效果

　　通过"内发光"效果，可以在对象的内部添加亮调，从而实现内发光效果。

　　选中对象，如图8-122所示。执行"效果"|"风格化"|"内发光"命令，打开"内
发光"对话框，在该对话框中设置参数，如图8-123所示。设置完成后单击"确定"按
钮，效果如图8-124所示。

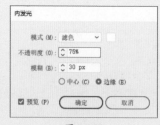

图 8-122　　　　　　　　　　图 8-123　　　　　　　　　　图 8-124

　　"内发光"对话框中各选项的作用如下。

- **模式：**在下拉列表中选取不同的选项以指定发光的混合模式。
- **不透明度：**在该文本框中输入相应的数值，可以指定所需发光的不透明度百分比。
- **模糊：**在该文本框中输入相应的数值，可以指定要进行模糊处理之处到选区中心
  或选区边缘的距离。
- **中心：**选中该单选按钮时，将创建从选区中心向外发散的发光效果。

● **边缘：** 选中该单选按钮时，将创建从选区边缘向内发散的发光效果。

8.6.2 "圆角"效果

若想将路径上的尖角转换为圆角，可以使用"圆角"效果。

选中对象，如图8-125所示。执行"效果"|"风格化"|"圆角"命令，打开"圆角"对话框，在该对话框中设置参数，如图8-126所示。设置完成后单击"确定"按钮，效果如图8-127所示。

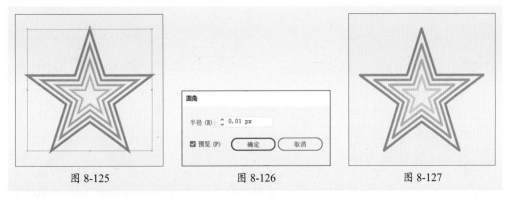

图 8-125　　　　　　图 8-126　　　　　　图 8-127

8.6.3 "外发光"效果

通过"外发光"效果，可以在对象的外侧制作出发光的效果。

选中对象，如图8-128所示。执行"效果"|"风格化"|"外发光"命令，打开"外发光"对话框，在该对话框中设置参数，如图8-129所示。设置完成后单击"确定"按钮，效果如图8-130所示。

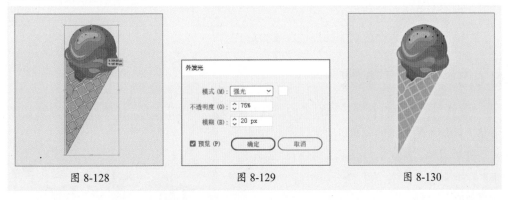

图 8-128　　　　　　图 8-129　　　　　　图 8-130

"外发光"对话框中各选项的作用如下。

● **模式：** 在下拉列表中选取不同的选项以指定发光的混合模式。

● **不透明度：** 在该文本框中输入相应的数值，可以指定所需发光的不透明度百分比。

● **模糊：** 在该文本框中输入相应的数值，可以指定要进行模糊处理之处到选区中心或选区边缘的距离。

8.6.4 "投影" 效果

若想为对象添加投影，可以使用"投影"效果。

选中对象，如图8-131所示。执行"效果"|"风格化"|"投影"命令，打开"投影"对话框，在该对话框中设置参数，如图8-132所示。设置完成后单击"确定"按钮，效果如图8-133所示。

图 8-131

图 8-132

图 8-133

"投影"对话框中各选项的作用如下。

● **模式：** 设置投影的混合模式。
● **不透明度：** 设置投影的不透明度百分比。
● **X位移/Y位移：** 设置投影偏离对象的距离。
● **模糊：** 设置要进行模糊处理之处距离阴影边缘的距离。
● **颜色：** 设置阴影的颜色。
● **暗度：** 设置为投影添加的黑色深度百分比。

8.6.5 "涂抹" 效果

"涂抹"效果可以在保持原对象的颜色和基本形状的情况下，按照选中对象的边缘形状，添加画笔涂抹的效果。

选中对象，如图8-134所示。执行"效果"|"风格化"|"涂抹"命令，打开"涂抹选项"对话框，在该对话框中设置参数，如图8-135所示。设置完成后单击"确定"按钮，效果如图8-136所示。

图 8-134

图 8-135   图 8-136

"涂抹选项"对话框中各选项的作用如下。

● **设置：** 使用预设的涂抹效果，从"设置"下拉列表中选择一种涂抹效果从而对图形快速进行涂抹。

● **角度：** 在该文本框中输入相应角度，用于控制涂抹线条的方向。

● **路径重叠：** 用于控制涂抹线条在路径边界内部距路径边界的量或在路径边界外距路径边界的量。负值将涂抹线条控制在路径边界内部，正值则将涂抹线条延伸至路径边界外部。

● **变化：** 用于控制涂抹线条彼此之间的相对长度差异。

● **描边宽度：** 用于控制涂抹线条的宽度。

● **曲度：** 用于控制涂抹曲线在改变方向之前的曲度。

● **变化：** 用于控制涂抹曲线彼此之间的相对曲度差异大小。

● **间距：** 用于控制涂抹线条之间的折叠间距量。

● **变化：** 用于控制涂抹线条之间的折叠间距差异量。

8.6.6 "羽化"效果

若想制作对象边缘的不透明度渐隐效果，可以使用"羽化"效果。

选中对象，如图8-137所示。执行"效果"|"风格化"|"羽化"命令，打开"羽化"对话框，在该对话框中设置参数，如图8-138所示。设置完成后单击"确定"按钮，效果如图8-139所示。

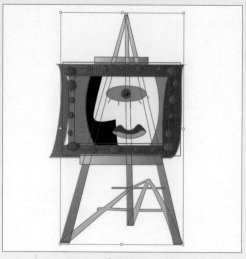

图 8-137

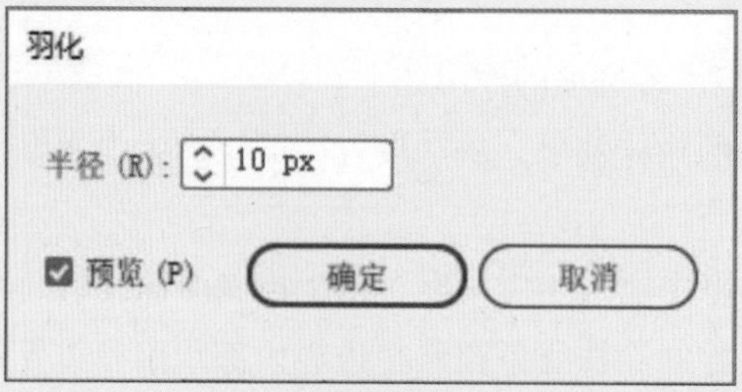

羽化

半径 (R)： 10 px

☑ 预览 (P)   确定   取消

图 8-138

图 8-139

知识链接   除了常用的Illustrator效果外，用户还可以使用"效果"列表下方 Photoshop
效果制作更加丰富的图像。

自己练/设计茶叶包装盒

案例路径 云盘\实例文件\第8章\自己练\设计茶叶包装盒

项目背景 一壶茶馆提供给市民一个悠闲喝茶的场所，也提供一些茶文化的教学，同时售卖一些相关产品，如茶叶、茶具等，是一个体验茶文化的好去处。现受一壶茶馆委托，为其店内自营的茶叶设计一款包装，以便更好地售卖产品与推广茶文化。

项目要求 ①整体颜色以绿色为主。

②版式的设计要简单且不失设计感。

③包装盒造型选择圆柱形。

④尺寸为75mm×75mm×124mm。

项目分析 茶叶包装整体以绿色为主，搭配茶叶造型，带来清新、新鲜的视觉感受；茶叶名称底纹选择古朴的牛皮纸，中间使用白色，类似于古书名称，具有中国特色，古色古香；顶部印刷茶馆标志，标明出处，如图8-140所示。

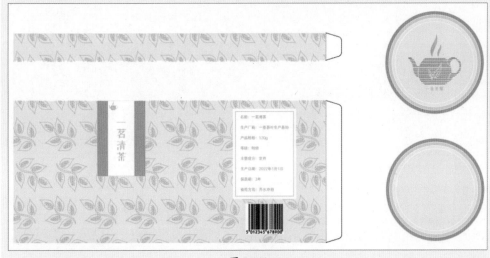

图 8-140

课时安排 2课时。

Illustrator

Illustrator

第 **9** 章

手提袋设计
——外观与样式详解

本章概述

　　在Illustrator软件中，用户可以通过"外观"面板对对象属性进行修改，也可以通过混合模式改变对象混合效果，还可以为矢量对象应用图形样式。本章将针对对象的混合模式、"外观"面板和"图形样式"面板进行详细的介绍。

要点难点

- 混合模式 ★☆☆
- 不透明度蒙版 ★★☆
- "外观"面板 ★★☆
- "图形样式"面板 ★★★

跟我学 手提袋设计 ///////////////////////////////////////

学习目标 本案例将练习制作一款手提袋，使用绘图工具绘制背景、手提袋主体以及装饰等，使用"透明度"面板以及"图形样式"面板制作丰富逼真的手提袋效果。通过本实例，可以帮助读者学会使用"外观"面板和"图形样式"面板，熟悉混合模式的应用。

案例路径 云盘\实例文件\第9章\跟我学\手提袋设计

步骤 01 执行"文件"|"新建"命令，新建一个A4大小的空白文档，使用"矩形工具" ▢在画板中绘制一个与画板等大的矩形，如图9-1所示。

步骤 02 选中绘制的矩形，在控制栏中设置描边为无，按Ctrl+F9组合键打开"渐变"面板，单击"渐变"面板中的"渐变" ▢按钮，为选中矩形添加默认渐变，如图9-2所示。

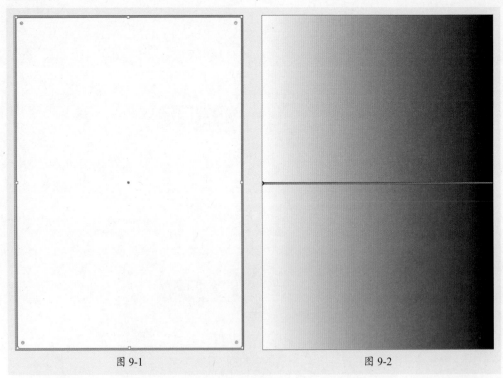

图 9-1 图 9-2

步骤 03 双击"渐变"面板中左侧的渐变滑块，设置颜色为灰色（C:0，M:0，Y:0，K:20），双击"渐变"面板中右侧的渐变滑块，设置颜色为灰色（C:0，M:0，Y:0，K:20），移动鼠标指针至两个渐变滑块中间，单击添加新的渐变滑块，设置颜色为浅灰色（C:0，M:0，Y:0，K:5），如图9-3所示。

步骤 04 使用"渐变工具" ▣ 在画板中调整渐变,效果如图9-4所示。按Ctrl+2组合键锁定对象。

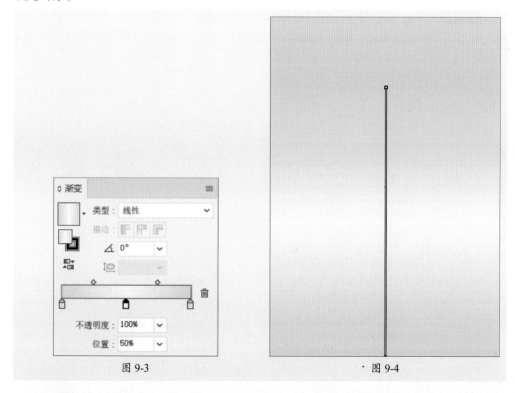

图 9-3   · 图 9-4

步骤 05 使用"矩形工具" ▢ 在画板中绘制一个100mm×140mm的矩形,在控制栏中设置其填充色为绿色(C:58,M:7,Y:34,K:0),如图9-5所示。

步骤 06 按住Shift键使用"椭圆工具" ◯ 在矩形顶部绘制正圆,如图9-6所示。

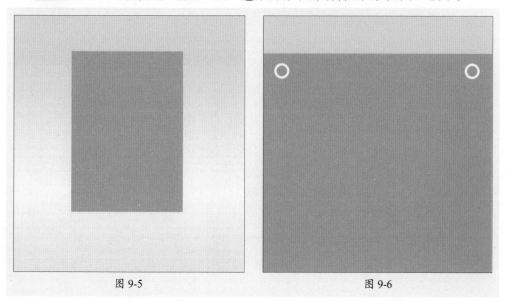

图 9-5   图 9-6

步骤 07 选中绘制的正圆与矩形，右击鼠标，在弹出的快捷菜单中选择"建立复合路径"命令，创建复合路径，效果如图9-7所示。

步骤 08 选择工具箱中的"矩形网格工具"⊞在画板中单击，打开"矩形网格工具选项"对话框，并设置参数，如图9-8所示。

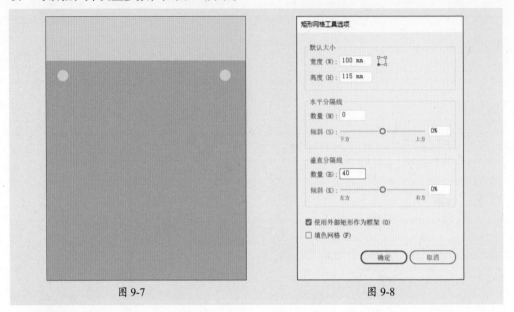

图 9-7   图 9-8

步骤 09 设置完成后单击"确定"按钮，创建矩形网格，在控制栏中设置其描边为白色，粗细为0.5pt，效果如图9-9所示。

步骤 10 选中矩形网格，按Shift+Ctrl+F10组合键，打开"透明度"面板，设置混合模式为"柔光"，效果如图9-10所示。

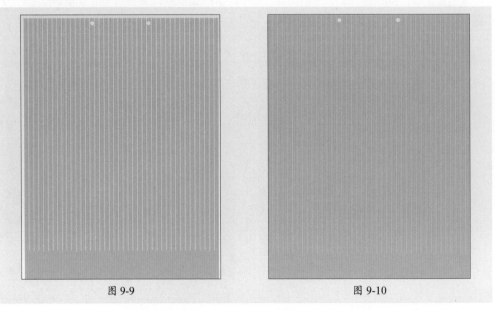

图 9-9   图 9-10

步骤 11 使用相同的方法，绘制红色（C:16，M:81，Y:61，K:0）矩形及白色描边矩形网格，如图9-11所示。

步骤 12 使用"钢笔工具" ✐ 在画板中绘制心形，在控制栏中设置其填充色为白色，如图9-12所示。

图 9-11

图 9-12

步骤 13 执行"文件"｜"置入"命令，置入本章素材文件，并调整至合适大小，如图9-13所示。

步骤 14 选中心形，按Ctrl+C组合键复制，按Ctrl+F组合键贴在前面，右击鼠标，在弹出的快捷菜单中选择"排列"｜"置于顶层"命令，将复制的心形移动至顶层，如图9-14所示。

图 9-13

图 9-14

步骤15 选中复制的心形与置入素材，右击鼠标，在弹出的快捷菜单中选择"建立剪切蒙版"命令，创建剪切蒙版，并在"透明度"面板中设置剪切组混合模式为"强光"，效果如图9-15所示。

步骤16 选中剪切组与底层的心形，按Ctrl+G组合键编组，按Shift+F6组合键，打开"外观"面板，单击"外观"面板底部的"添加新描边" □ 按钮，在"外观"面板中新建描边属性，如图9-16所示。

图 9-15 · 图 9-16

步骤17 使用"文字工具"在画板中输入文字，在控制栏中设置字体为"站酷快乐体2016修订版"，字号为21pt，效果如图9-17所示。

步骤18 使用"直线段工具" ／ 在文字上方和下方分别绘制直线，并设置直线描边为白色，粗细为1pt，效果如图9-18所示。

图 9-17 · 图 9-18

步骤19 使用"钢笔工具" 在画板中绘制图形，通过"渐变"面板设置其为灰白渐变，如图9-19所示。

步骤20 使用相同的方法，绘制图形，并进行调整，如图9-20所示。

图 9-19

图 9-20

步骤21 使用"铅笔工具"在画板中绘制路径，如图9-21所示。

步骤22 选中绘制的路径，按Shift+F5组合键，打开"图形样式"面板，单击该面板中的"投影" 按钮，为选中对象添加图形样式，在"外观"面板中设置描边为黑色，粗细为4pt，端点为圆头端点，效果如图9-22所示。

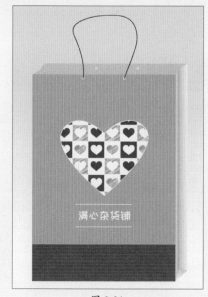

图 9-21

图 9-22

步骤23 选中调整后的路径，按Ctrl+C组合键复制，按Ctrl+B组合键贴在后面，并移动其位置，如图9-23所示。

步骤24 选中组成手提袋的所有对象，按Ctrl+G组合键编组，调整至合适位置，如图9-24所示。

图 9-23

图 9-24

至此，完成手提袋设计。

学 习 心 得

听 我 讲 ▸ Listen to me

9.1 "透明度"面板 //

通过"透明度"面板,可以对对象的不透明度、混合模式进行调整,还可以制作不透明度蒙版。执行"窗口"|"透明度"命令,打开"透明度"面板,如图9-25所示。

图 9-25

9.1.1 混合模式

将当前对象与底部对象以一种特定的方式进行混合,即为"混合模式"。通过应用"混合模式",可以产生特殊的画面效果。

选中对象,执行"窗口"|"透明度"命令,或按Shift+Ctrl+F10组合键,打开"透明度"面板,在"透明度"面板中单击"混合模式"下拉按钮,弹出下拉列表,如图9-26所示。选择下拉列表中的混合模式,即可为选中对象应用相应的混合效果。

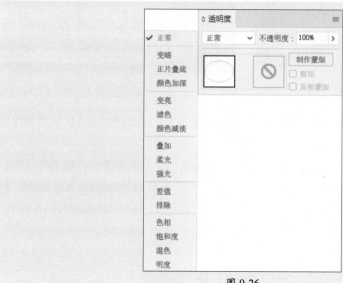

图 9-26

这16种混合模式的效果介绍如下。

- **正常：**默认情况下图形的混合模式为正常，当前选择的对象不与下层对象产生混合效果，如图9-27所示。
- **变暗：**选择基色或混合色中较暗的一个作为结果色。比混合色亮的区域会被结果色所取代，比混合色暗的区域将保持不变，如图9-28所示。

图 9-27

图 9-28

- **正片叠底：**将基色与混合色混合，得到的颜色比基色和混合色都要暗。将任何颜色与黑色混合都会产生黑色；将任何颜色与白色混合颜色保持不变，如图9-29所示。
- **颜色加深：**加深基色以反映混合色，与白色混合后不产生变化，如图9-30所示。

图 9-29

图 9-30

- **变亮：**选择基色或混合色中较亮的一个作为结果色。比混合色暗的区域将被结果色所取代；比混合色亮的区域将保持不变，如图9-31所示。
- **滤色：**将基色与混合色的反相色混合，得到的颜色比基色和混合色都要亮。将任何颜色与黑色混合则颜色保持不变；将任何颜色与白色混合都会产生白色，如图9-32所示。

图 9-31   图 9-32

● **颜色减淡**：加亮基色以反映混合色，与黑色混合后不产生变化，如图9-33所示。

● **叠加**：对颜色进行过滤并提亮上层图像，具体取决于基色。图案或颜色叠加在现有的图稿上，在与混合色混合以反映原始颜色的亮度和暗度的同时，保留基色的高光和阴影，如图9-34所示。

图 9-33   图 9-34

● **柔光**：使颜色变暗或变亮，具体取决于混合色。若上层图像比50%灰色亮，则图像变亮；若上层图像比50%灰色暗，则图像变暗，如图9-35所示。

● **强光**：对颜色进行过滤，具体取决于混合色即当前图像颜色。若上层图像比50%灰色亮，则图像变亮；若上层图像比50%灰色暗，则图像变暗，如图9-36所示。

图 9-35   图 9-36

- **差值**：从基色减去混合色或从混合色减去基色，具体取决于哪一种的亮度值较大。与白色混合将反转基色值，与黑色混合则不发生变化，如图9-37所示。
- **排除**：创建一种与"差值"模式相似但对比度更低的效果。与白色混合将反转基色分量，与黑色混合则不发生变化，如图9-38所示。

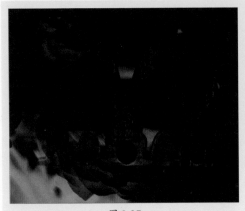

图 9-37   图 9-38

- **色相**：用基色的亮度和饱和度以及混合色的色相创建结果色，如图9-39所示。
- **饱和度**：用基色的亮度和色相以及混合色的饱和度创建结果色，在饱和度为0的灰度区域上应用此模式着色不会产生变化，如图9-40所示。

图 9-39   图 9-40

- **混色**：用基色的亮度以及混合色的色相和饱和度创建结果色。这样可以保留图稿中的灰阶，适用于给单色图稿上色以及给彩色图稿染色，如图9-41所示。
- **明度**：用基色的色相和饱和度以及混合色的亮度创建结果色，如图9-42所示。

图 9-41 | 图 9-42

9.1.2　不透明度

对象半透明的程度称为"不透明度",数值越小越透明。一般在制作多个对象之间的融合效果时会用到该属性。

选中对象,执行"窗口"|"透明度"命令,打开"透明度"面板,在该面板中可以对对象的不透明度进行设置,默认数值为100%,效果如图9-43所示。在"不透明度"文本框中输入数值或拖动滑块即可调整对象的"不透明度"数值,如图9-44所示为设置不透明度为30%的效果。

图 9-43 | 图 9-44

💬 **技巧点拨**

用户也可以单击控制栏中的"不透明度"按钮,在弹出的面板中设置"不透明度"参数。

9.1.3 不透明度蒙版

"不透明度蒙版"是一种非破坏性的编辑方式。该方法是通过在对象上层添加黑色、白色或灰色的图形来控制对象的显示和隐藏。其中，对应黑色的部位变为透明，对应灰色的部位变为半透明，对应白色的部位变为不透明。

选中对象，如图9-45所示。使用"矩形工具" ▢绘制与选中对象等大的矩形，并为矩形填充黑白渐变，如图9-46所示。

图 9-45   图 9-46

选中对象与绘制的矩形，在"透明度"面板中单击"制作蒙版"按钮，如图9-47所示。即可为选中对象添加不透明度蒙版，如图9-48所示。

图 9-47   图 9-48

单击"透明度"面板右侧的蒙版缩略图，如图9-49所示。即可切换至蒙版选择状态，对蒙版进行调整。选中蒙版，使用"渐变工具" ▮在画板中调整渐变，效果如图9-50所示。

"透明度"面板中部分选项的作用如下。

- **剪切**：选中该复选框，可以隐藏全部图形，通过编辑蒙版使图片显示；若取消选中该复选框，图形将被显示，通过编辑蒙版隐藏相应的区域。

- **反相蒙版**：将反相当前的蒙版，即对象隐藏的部分显示，显示的部分隐藏。

图 9-49　　　　　　　　　　　　　　　　　　　图 9-50

默认情况下，对象和蒙版是链接在一起的，蒙版随着对象的变化而变化，如图9-51所示。单击"透明度"面板中的对象缩略图与蒙版缩略图之间的"指示不透明度蒙版链接到图稿" 按钮，即可取消对象和蒙版的链接，从而单独操作蒙版或对象，如图9-52所示。

图 9-51　　　　　　　　　　　　　　　　　　　图 9-52

单击"透明度"面板中的"释放"按钮，或者单击"透明度"面板右上角的菜单按钮，在弹出的下拉菜单中执行"释放不透明蒙版"命令，即可删除不透明蒙版，如图9-53和图9-54所示。

图 9-53　　　　　　　　　　　　　　　　　　　图 9-54

若想暂时取消不透明蒙版效果，可以单击"透明度"面板右上角的菜单按钮，在弹出的下拉菜单中执行"停用不透明蒙版"命令，或者按住Shift键单击蒙版缩略图。

若想重新启用不透明蒙版效果，可以单击"透明度"面板右上角的菜单按钮，在弹出的下拉菜单中执行"启用不透明蒙版"命令，或者按住Shift键再次单击蒙版缩略图。

9.2 "外观"面板

在"外观"面板中,可以对选中对象的外观属性进行调整,如填色、描边、不透明度等,也可以对对象添加的效果进行调整,本节将对此进行介绍。

9.2.1 认识"外观"面板

执行"窗口"|"外观"命令,或按Shift+F6组合键,即可打开"外观"面板,如图9-55所示。用户可以在该面板中对选中对象的属性进行调整。

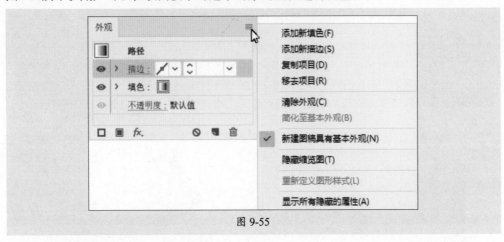

图 9-55

"外观"面板中部分选项的作用如下。

- **菜单按钮** ≡：用于打开下拉菜单以执行相应的命令。
- **单击切换可视性** ◉：用于切换属性或效果的显示与隐藏。
- **添加新描边** □：用于为选中对象添加新的描边。
- **添加新填色** ▣：用于为选中对象添加新的填色。
- **添加新效果** fx.：用于为选中的对象添加新的效果。
- **清除外观** ◎：清除选中对象的所有外观属性与效果。
- **复制所选项目** ▥：在"外观"面板中复制选中的属性。
- **删除所选项目** �🗑：在"外观"面板中删除选中的属性。

9.2.2 应用"外观"面板

若想快捷地修改对象的外观属性及添加的效果,可以通过"外观"面板实现。下面将对此进行介绍。

1. 填色

选中要修改的对象,如图9-56所示。执行"窗口"|"外观"命令,打开"外观"面板,如图9-57所示。

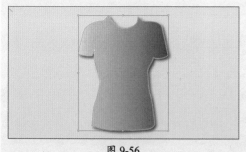

图 9-56　　　　　　　　　　　　　　　　　　图 9-57

单击"外观"面板中的"填色"色块，在弹出的面板中重新选择合适的颜色，如图9-58所示，即可修改选中对象的填充颜色，如图9-59所示。

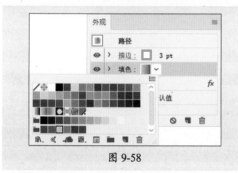

图 9-58　　　　　　　　　　　　　　　　　　图 9-59

💬 **技巧点拨**

按住Shift键单击"外观"面板中的"填色"色块，可以打开替代色彩用户界面。

2. 描边

"描边"属性的修改与"填色"类似。除了可以对"描边"和"填色"属性进行修改外，用户还可以在"外观"面板中新建描边和填色，使对象外观更加丰富。

选中对象，单击"外观"面板底部的"添加新描边" □ 按钮，在"外观"面板中新建描边属性，如图9-60所示。在"外观"面板中设置新建描边的颜色和宽度，即可为选中对象添加新的描边，如图9-61所示。

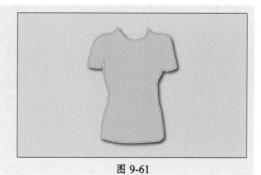

图 9-60　　　　　　　　　　　　　　　　　　图 9-61

技巧点拨

"外观"面板中属性的排列顺序，影响对象的显示效果。即若较细的描边在较粗的描边下方，则较细的描边会被完全覆盖。

3. 不透明度

单击"外观"面板中的"不透明度"名称，即可打开"透明度"面板，对选中属性的不透明度进行修改，如图9-62所示，效果如图9-63所示。

图 9-62

图 9-63

4. 添加或删除对象效果

用户可以通过"外观"面板为选中对象添加效果。单击"外观"面板底部的"添加新效果" fx 按钮，在弹出的下拉列表中选择效果，如图9-64所示。即可为对象添加选中的效果。

图 9-64

若要对已添加的效果进行修改，可以单击其名称，打开相应的效果对话框进行修改，如图9-65所示。修改完成后单击"确定"按钮即可。

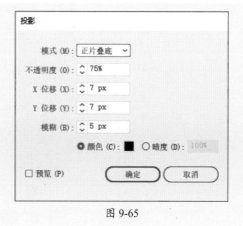

图 9-65

5. 删除外观属性

若想删除多余的属性，选中该属性后单击"外观"面板中的"删除所选项目" 🗑 按钮即可。

9.3 "图形样式"面板

在使用Illustrator时，可以使用"图形样式"面板中设置好的特效组合，快速地赋予对象不同的效果。

9.3.1 应用图形样式

选中对象，如图9-66所示。执行"窗口"|"图形样式"命令，或按Shift+F5组合键，打开"图形样式"面板，如图9-67所示。单击"图形样式"面板中的样式，即可赋予选中对象相应的图形样式，如图9-68所示。

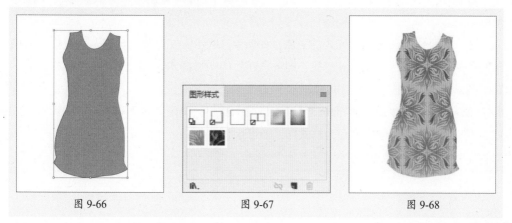

图 9-66   图 9-67   图 9-68

若想获取更多的预设样式，可以单击"图层样式"面板左下角的"图形样式库菜单" ⋒ 按钮，或执行"窗口"|"图形样式库"命令，在打开的样式库列表中找到更多样式，如图9-69所示。选中任一样式库，即可打开相应的面板，如图9-70所示为打开的"涂抹效果"面板。

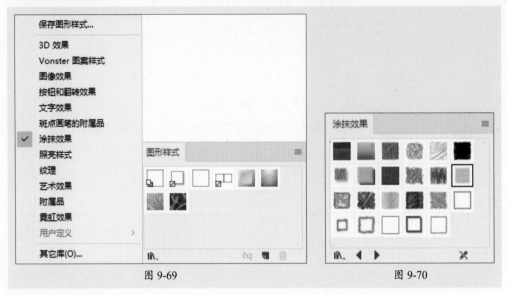

图 9-69　　　　　　　　　　　　　　　　图 9-70

💬 **技巧点拨**

当赋予对象图形样式后，该对象和图形样式之间就建立了"链接"关系。设置该对象外观时，就会影响到相应的样式。单击"图形样式"面板中的"断开图形样式链接" ⊷ 按钮，即可断开链接。

如果要删除"图形样式"面板中的样式，只需选中图形样式，单击"删除" ⋒ 按钮即可。

9.3.2　新建图形样式

若在Illustrator软件中没有找到需要的效果，也可以新建图形样式，以便于后期使用。

选中需要作为新建图形样式的对象，如图9-71所示。在"图形样式"面板中单击面板底部的"新建图形样式" ▪ 按钮，即可创建新的图形样式，此时新建的图形样式显示在"图形样式"面板中，如图9-72所示。

用这种方式新建的图形样式，仅存于当前文档中。关闭该文档后，定义的图形样式就会消失。若将相应的样式存为样式库，即可永久保存。

图 9-71

图 9-72

选中需要保存的图形样式，单击"图形样式"面板中的菜单 ≡ 按钮，在弹出的下拉菜单中选择"存储图形样式库"命令，打开"将图形样式存储为库"对话框并设置一个合适的名称，如图9-73所示。设置完成后单击"保存"按钮即可。

若要找到保存的图形样式，单击图层样式库菜单 ▥ 按钮，在弹出的下拉列表中选择"用户定义"命令即可看到保存的图形样式，如图9-74所示。

图 9-73

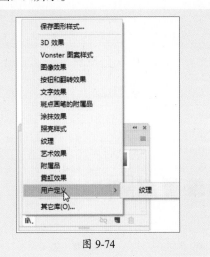

图 9-74

9.3.3 合并图形样式

用户还可以合并图形样式，从而获得新的图形样式。

在"图形样式"面板中选中要合并的图形样式，单击菜单 ≡ 按钮，如图9-75所示，在弹出的下拉菜单中选择"合并图形样式"命令。打开"图形样式选项"对话框，如图9-76所示。在该对话框中设置样式名称后单击"确定"按钮即可合并图形样式。

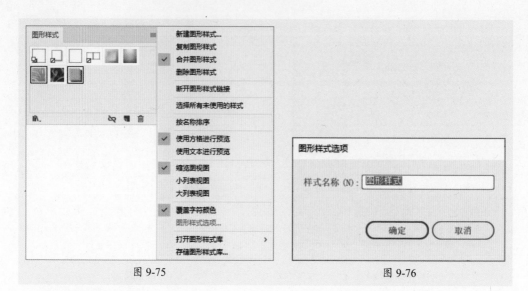

图 9-75   图 9-76

　　合并的图形样式将包含所选图形样式的全部属性，并被添加到"图形样式"面板中图形样式列表的末尾，如图9-77所示。任选一对象，赋予该图形样式，效果如图9-78所示。

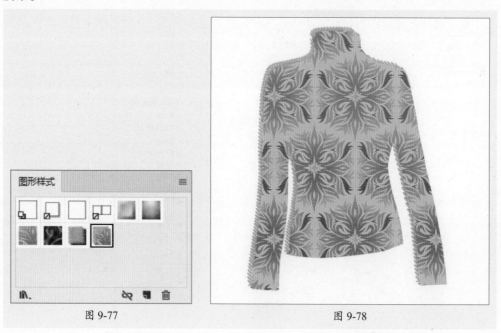

图 9-77   图 9-78

自己练 咖啡店灯牌设计

案例路径 云盘\实例文件\第9章\自己练\咖啡店灯牌设计

项目背景 灯牌又被称为LED展示牌，是现在大部分商家宣传及展示的直观招牌。受某咖啡馆委托，为其设计一款灯牌，便于直观地引导顾客进店，起到晚间宣传、招揽顾客的作用。

项目要求 ①在制作灯牌时，要求信息简洁大方。

②体现咖啡馆特色，24小时营业。

③颜色简单，不刺激。

项目分析 整个灯牌设计以咖啡杯和箭头为主体，点明咖啡馆的经营范围，并指示咖啡馆的位置；整体颜色以橙色为主，体现温暖、舒适的氛围；搭配咖啡豆作为装饰物点缀，丰富灯牌设计效果，如图9-79所示。

图 9-79

课时安排 2课时。

Illustrator

Illustrator

第**10**章

网页设计
——文档输出详解

本章概述

　　制作完成设计作品后，就可以根据用途将其以不同的形式输出。本章将主要针对各种格式文件的导出方式和制图前的准备工作进行介绍。通过本章的学习，可以帮助用户学会导出不同格式的文件，了解打印的相关知识，熟悉Web文件的创建。

要点难点

● 导出Illustrator文件 ★★☆
● 打印Illustrator文件 ★☆☆
● 创建Web文件 ★★★

跟我学 登录网页设计 //////////////////////////////

学习目标 本案例将练习设计登录网页，使用绘图工具绘制背景及网页画面，使用文字工具添加文字，通过参考线创建切片。通过本实例，可以帮助读者学会如何导出文件，创建Web切片。

案例路径 云盘\实例文件\第10章\跟我学\登录网页设计

步骤 01 执行"文件"|"新建"命令，新建一个1920px×1080px的空白文档。使用"矩形工具" ▣ 在画板中绘制一个1920px×120px的矩形，在控制栏中设置其填充色为粉色（C:5，M:23，Y:12，K:0），描边为无，如图10-1所示。

步骤 02 使用相同的方法，在粉色矩形下方绘制一个1920px×960px的白色矩形，如图10-2所示。

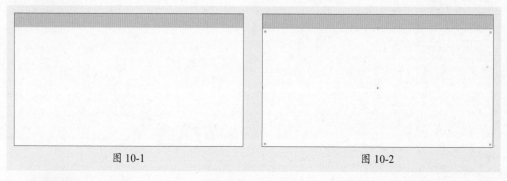

图 10-1　　　　　　　　　　　　图 10-2

步骤 03 使用"铅笔工具" ✐ 在画板底部绘制路径，在控制栏中设置填充色为浅粉色（C:5，M:14，Y:8，K:0），如图10-3所示。

步骤 04 使用相同的方法，继续绘制粉色（C:5，M:23，Y:12，K:0）路径，如图10-4所示。

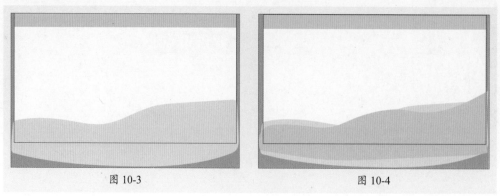

图 10-3　　　　　　　　　　　　图 10-4

步骤 **05** 选中白色矩形，按Ctrl+C组合键复制，按Ctrl+F组合键贴在前面，右击鼠标，在弹出的快捷菜单中选择"排列"|"置于顶层"命令，效果如图10-5所示。

步骤 **06** 选中复制的矩形和绘制的粉色、浅粉色路径，右击鼠标，在弹出的快捷菜单中选择"建立剪切蒙版"命令，创建剪切蒙版，效果如图10-6所示。按Ctrl+A组合键选中所有对象，按Ctrl+2组合键锁定选中对象。

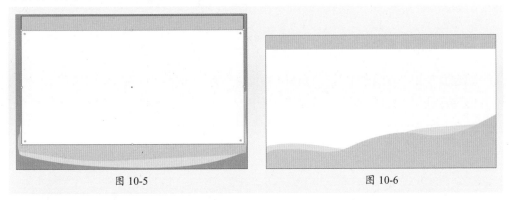

图 10-5 　　　　　　　　　　　　　　　　　　　图 10-6

步骤 **07** 使用"钢笔工具" ✐在粉色矩形中绘制路径，在控制栏中设置描边为白色，粗细为1.5pt，端点为圆头端点，效果如图10-7所示。

步骤 **08** 使用"文字工具" T在画板中单击并输入文字，在控制栏中设置字体为"仓耳渔阳体"，字重为W01，字号为40pt，效果如图10-8所示。

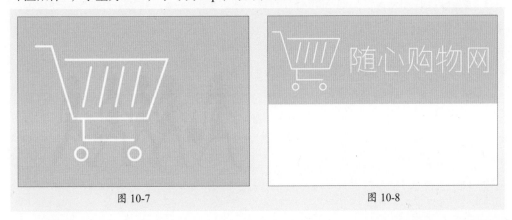

图 10-7 　　　　　　　　　　　　　　　　　　　图 10-8

步骤 **09** 使用相同的方法，在画板中输入其他文字，在控制栏中设置颜色为深粉色（C:11，M:58，Y:36，K:0），字体为"仓耳渔阳体"，字重为W01，字号为24pt，效果如图10-9所示。

步骤 **10** 选择工具箱中的"圆角矩形工具" ▢，在画板中绘制圆角矩形，在控制栏中设置填充色为无，描边为深粉色（C:11，M:58，Y:36，K:0），粗细为1pt，效果如图10-10所示。

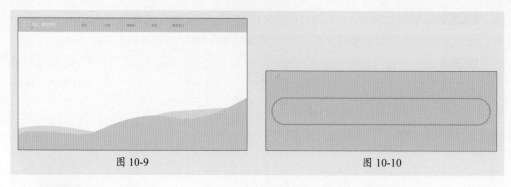

图 10-9   图 10-10

步骤 11 使用"直线段工具" ∕在画板中绘制线段，如图10-11所示。

步骤 12 使用"椭圆工具" ◯在圆角矩形内部绘制正圆，如图10-12所示。

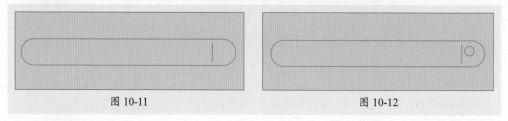

图 10-11   图 10-12

步骤 13 使用"直线段工具" ∕在画板中绘制线段，使用"宽度工具" ⋙调整线段，效果如图10-13所示。

步骤 14 执行"文件"｜"置入"命令，置入本章素材文件，调整至合适大小与位置，如图10-14所示。

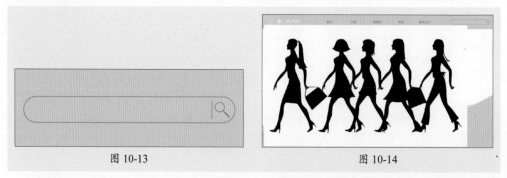

图 10-13   图 10-14

步骤 15 选中置入的素材文件，单击控制栏中的"图像描摹"按钮，描摹素材对象，单击"扩展"按钮，将描摹对象转换为矢量对象，如图10-15所示。

图 10-15

步骤 16 双击进入编组隔离模式，选中白色部分，按Delete键删除，如图10-16所示。

步骤 17 在空白处双击退出编组隔离模式，选中人物素材，右击鼠标，在弹出的快捷菜单中选择"变换"|"对称"命令，打开"镜像"对话框，选中"垂直"单选按钮，如图10-17所示。设置完成后单击"确定"按钮。

图 10-16

图 10-17

步骤 18 选中镜像对象，调整其位置，在控制栏中设置填充色为橙红色（C:11，M:60，Y:49，K:0），不透明度为10%，效果如图10-18所示。

步骤 19 使用"钢笔工具" 在画板中绘制图形，并填充颜色，如图10-19所示。

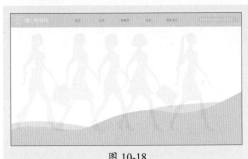

图 10-18

图 10-19

步骤 20 使用"圆角矩形工具" 在画板中绘制一个520px×420px的圆角矩形，在控制栏中设置其填充色为白色，描边为深粉色（C:11，M:58，Y:36，K:0），粗细为1pt，效果如图10-20所示。

图 10-20

步骤 21 选中绘制的圆角矩形，执行"效果"|"风格化"|"投影"命令，打开"投影"对话框并设置参数，如图10-21所示。设置完成后单击"确定"按钮，添加投影效果。

步骤 22 使用"文字工具" T 在画板中单击并输入文字，在控制栏中设置文字颜色为深粉色（C:11，M:58，Y:36，K:0），字体为"仓耳渔阳体"，字重为W03，字号为40pt，效果如图10-22所示。

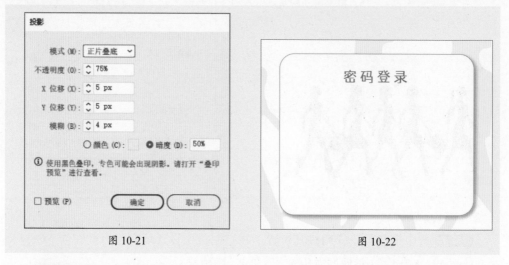

图 10-21　　　　　　　　　　　　　　　图 10-22

步骤 23 使用"矩形工具" ▢ 在画板中绘制一个390px×62px的矩形，设置其填充色为无，描边为深粉色（C:11，M:58，Y:36，K:0），粗细为1pt，效果如图10-23所示。

步骤 24 继续使用"矩形工具" ▢ 绘制一个62px×62px的矩形，设置其填充色为灰色（C:0，M:0，Y:0，K:20），调整其排列顺序向下一层，如图10-24所示。

图 10-23　　　　　　　　　　　　　　　图 10-24

步骤 25 选中绘制的两个矩形，按住Alt键向下拖动复制，效果如图10-25所示。

步骤 26 执行"窗口"|"符号库"|"移动"命令，打开"移动"面板，选择其中的"用户-橙色"和"锁定-橙色"拖动至画板中，选中插入的符号，单击控制栏中的"断开链接"按钮，效果如图10-26所示。

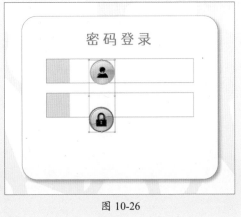

图 10-25   图 10-26

步骤 27 删除两个符号中多余的部分，调整至合适大小与位置，在控制栏中设置其填充色为深粉色（C:11，M:58，Y:36，K:0），如图10-27所示。

步骤 28 在画板中的合适位置绘制一个390px×62px的深粉色（C:11，M:58，Y:36，K:0）矩形，如图10-28所示。

图 10-27   图 10-28

步骤 29 使用"文字工具" **T** 在画板中输入文字，并在控制栏中对其参数进行设置，效果如图10-29所示。

图 10-29

步骤 30 使用"文字工具" T 在画板底部输入文字，在控制栏中设置字体为"仓耳渔阳体"，字号为18pt，颜色为白色，效果如图10-30所示。

步骤 31 执行"文件"|"导出"|"导出为"命令，在打开的"导出"对话框中设置文件保存类型为"PNG（*.PNG）"，选中"使用画板"复选框，如图10-31所示。

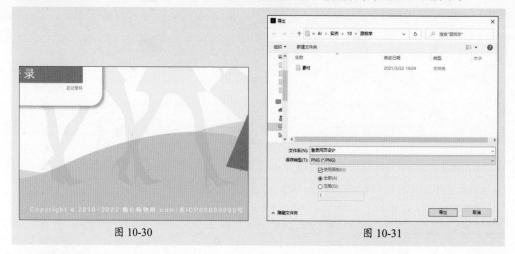

图 10-30   图 10-31

步骤 32 单击"导出"按钮，打开"PNG选项"对话框并设置参数，如图10-32所示。设置完成后单击"确定"按钮，即可导出PNG格式文件。

步骤 33 按Ctrl+R组合键显示标尺，并拖动出参考线。执行"对象"|"切片"|"从参考线创建"命令，从参考线创建切片，如图10-33所示。

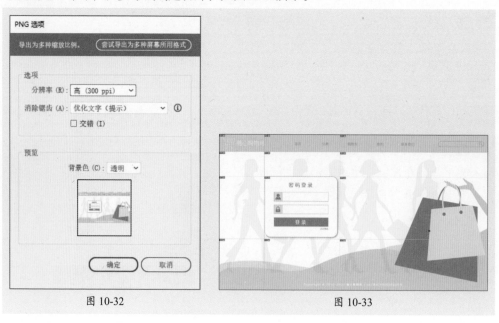

图 10-32   图 10-33

步骤 34 按Alt+Shift+Ctrl+S组合键，打开"存储为Web所用格式"对话框，选择右下角"所有切片"选项，如图10-34所示。

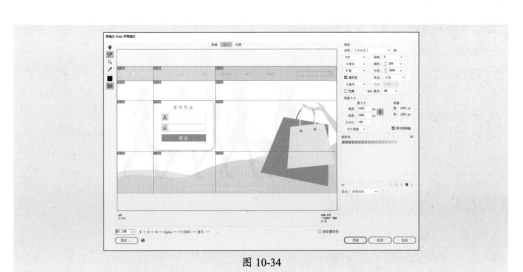

图 10-34

步骤 35 单击"存储"按钮,在弹出的"将优化结果存储为"对话框中选择存储位置,设置文件名称,如图10-35所示。

图 10-35

步骤 36 单击"保存"按钮,即可在设置的位置找到导出的网页切片,如图10-36所示。

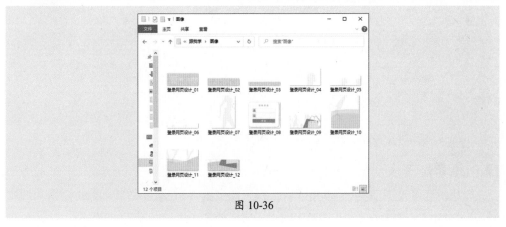

图 10-36

至此,完成登录网页的设计与输出。

10.1 导出Illustrator文件

使用Illustrator软件绘制完成图像后，保存时会默认保存为AI格式。这种格式的文件只能在相关的软件中才能打开并查看。用户可以通过"导出"命令，将文件保存为其他格式。

10.1.1 导出图像格式

图像格式包括位图格式和矢量图格式两种。位图图像格式分为带图层的PDF格式、JPEG格式以及TIFF格式；矢量图格式分为PDF格式、JPEG格式、TIFF格式、PNG格式、CAD格式、Flash格式等。

无论想导出哪种格式的文件，都需要执行"文件"|"导出"|"导出为"命令，通过打开的"导出"对话框进行设置，如图10-37所示。

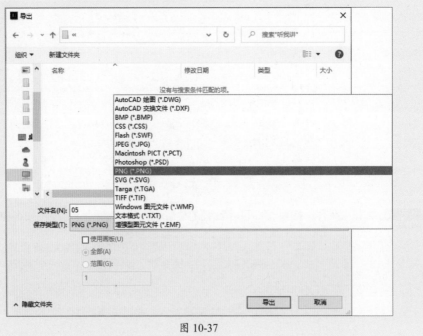

图 10-37

下面，将针对几种比较常见的格式进行介绍。

1. PDF 格式

PDF格式是标准的Photoshop格式，若文件中包含不能导出到Photoshop格式的数据，Illustrator软件可通过合并文档中的图层或栅格化文件，保留文件的外观。它是一种包含了源文件内容的图片形式的格式，可用于直接打印。

2. JPEG 格式

JPEG格式是在Web上显示图像的标准格式，是可以直接打开为图片形式的格式。

3. TIFF 格式

TIFF格式是标记图像文件格式，用于在应用程序和计算机平台间交换文件的格式。

4. BMP 格式

BMP格式是标准图像格式，可以指定颜色模式、分辨率和消除锯齿。

10.1.2 导出AutoCAD格式

执行"文件"|"导出"|"导出为"命令，打开"导出"对话框，选择保存类型为"AutoCAD绘图（*.DWG）"，如图10-38所示。单击"导出"按钮，打开"DXF/DWG导出选项"对话框，如图10-39所示。设置相关选项后单击"确定"按钮即可导出AutoCAD格式文件。

图 10-38

图 10-39

10.1.3 导出SWF-Flash格式

Flash（*.SWF）格式是一种基于矢量的图形文件格式。导出的SWF-Flash格式图稿可以在任何分辨率下保持其图像品质，非常适用于创建动画帧。Illustrator软件可以导出SWF格式和GIF格式文件，再导入至Flash中进行编辑，制作成动画。

1. 制作图层动画

在Illustrator软件中，是以帧的形式绘制动画，将绘制的元素拖放到单独的图层中，每一个图层为动画的一帧或一个动画文件。

2. 导出SWF动画

Flash是一个强大的动画编辑软件,但是用其绘制矢量图形没有用Illustrator软件绘制的精美,而Illustrator软件又不能够编辑精美的动画。只有两者结合,创建出的动画才会更完美。

执行"文件"|"导出"|"导出为"命令,打开"导出"对话框,选择保存类型为"Flash(*.SWF)"格式,如图10-40所示。单击"导出"按钮,打开"SWF选项"对话框,如图10-41所示。设置相关选项后单击"确定"按钮,即可导出Flash(*.SWF)格式文件。

图 10-40   图 10-41

10.2   打印Illustrator文件

图像设计完成后,可以将其打印输出。打印之前,可以先了解有关打印的一些知识,如颜色、页面设置、添加印刷标记、出血等。下面将对此进行介绍。

10.2.1   认识打印

打印文件前要在"打印"对话框中设置参数,直到完成文档的打印过程。

执行"文件"|"打印"命令,或按Ctrl+P组合键,打开"打印"对话框,如图10-42所示。在该对话框中设置参数,完成后单击"打印"按钮即可按照设置开始打印。

"打印"对话框中部分选项的作用如下。

● **打印预设:** 用于选择预设的打印设置。

● **打印机:** 用于选择打印机。

● **存储打印设置 ♣:** 单击该按钮可以弹出"存储打印预设"窗口。

- **设置：** 用于打开"打印首选项"对话框，设置打印常规选项及纸张方向等。
- **"常规"选项组：** 用于设置页面大小和方向、打印页数、缩放图稿，指定拼贴选项以及选择要打印的图层等常规选项。
- **"标记和出血"选项组：** 用于选择印刷标记与创建出血。
- **"输出"选项组：** 用于创建分色。
- **"图形"选项组：** 用于设置路径、字体、PostScript 文件等的打印选项。
- **"颜色管理"选项组：** 用于选择打印颜色配置文件和渲染方法。
- **"高级"选项组：** 用于控制打印期间的矢量图稿拼合（或可能栅格化）。
- **"小结"选项组：** 用于查看和存储打印设置小结。

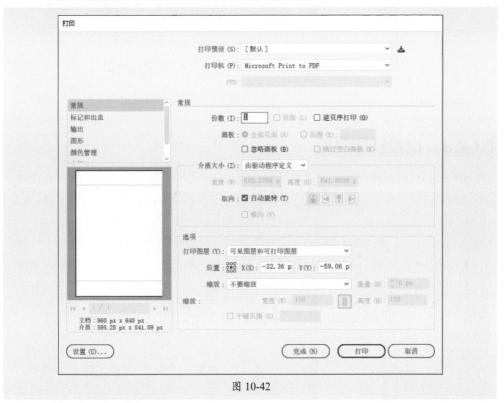

图 10-42

10.2.2 关于分色

将图像分为两种或多种颜色的过程即为分色，分色片就是指用于制作印版的胶片。

印刷上通常将图稿分为四个印版（即印刷色），分别用于图像的青色、洋红色、黄色和黑色四种原色，还可以包括自定油墨（即专色），以便重现彩色和连续色调图像。用户可以通过"打印"对话框中的"输出"选项组创建分色，如图10-43所示。

图 10-43

10.2.3 设置打印页面

用户可以通过设置打印页面决定打印效果。在"打印"对话框中，用户可以选择不同的选项组进行设置。如图10-44所示为"高级"选项组的设置面板。

图 10-44

10.2.4 打印复杂的长路径

若想打印含有过长或过于复杂路径的Illustrator文件，可以简化复杂的长路径，将其分割成两条或多条单独的路径，还可以更改用于模拟曲线的线段数，并调整打印机分辨率，以防止打印机发出极限检验报错的消息，而无法打印。

> **知识链接**
>
> 在打印中，陷印是很重要的技术之一。颜色产生分色时，其中较浅色的对象重叠较深色的背景，看起来像是扩展到背景中，即外扩陷印；另一种是内缩陷印，其中较浅色的背景重叠陷入背景中较深色的对象，看起来像是挤压或缩小该对象。

10.3　创建Web文件

若使用Illustrator软件制作网页，需要将其裁切为小尺寸图像储存，这样上传网络时才不会因为图片过大而影响网页的打开速度。下面将介绍裁切方法。

10.3.1　创建切片

"切片工具" ⌁可以将完整的网页图像划分为若干较小的图像，这些图像可在Web页上重新组合。在输出网页时，可以对每块图形进行优化。

1. 使用"切片工具" ⌁创建切片

裁切网页图像最常用的方法是使用"切片工具" ⌁。单击工具箱中的"切片工具" ⌁，在图像上按住鼠标左键拖动，绘制矩形框，如图10-45所示。释放鼠标后画板中将会自动形成相应的版面布局，效果如图10-46所示。

图 10-45

图 10-46

2. 从参考线创建切片

当文件中存在参考线时，就可以从参考线创建切片。用户可以先拉出参考线，再通过这一方法创建切片。

执行"视图"|"标尺"|"显示标尺"命令或按Ctrl+R组合键，显示标尺，拉出参考线，如图10-47所示。执行"对象"|"切片"|"从参考线创建"命令，即可从参考线创建切片，如图10-48所示。

图 10-47　　　　　　　　　　　　　　　　　　图 10-48

③ 从所选对象创建切片

选中画板中的切片对象，执行"对象"|"切片"|"从所选对象创建"命令，即可根据选中图像的最外轮廓划分切片，如图10-49所示。选中需要创建的切片，移动其至任何位置，都会从所选对象的周围创建切片，如图10-50所示。

图 10-49　　　　　　　　　　　　　　　　　　图 10-50

④ 创建单个切片

选中画板中需要创建单个切片的图像，如图10-51所示。执行"对象"|"切片"|"建立"命令，移动所创建的单个切片，可以在不影响其他切片变动的情况下，随意地调整这个切片，如图10-52所示。

图 10-51　　　　　　　　　　　　　　　　　　图 10-52

10.3.2 编辑切片

创建切片后，可对其进行选择、调整、隐藏、删除等操作。下面将对此进行介绍。

1. 选择切片

在编辑切片之前，需要先将其选中。用鼠标右击"切片工具" ▱按钮，在弹出的工具组中选择"切片选择工具" ▱，在图像中单击即可选中切片。若想选中多个切片，可以按住Shift键单击其他切片，即可选中多个切片。

2. 调整切片

若执行"对象"|"切片"|"建立"命令创建切片，切片的位置和大小将捆绑到它所包含的图稿。若移动图像或调整图像大小，切片边界也会自动进行调整。

3. 删除切片

选中要删除的切片，按Delete键删除或执行"对象"|"切片"|"释放"命令释放该切片即可。也可以执行"对象"|"切片"|"全部删除"命令删除所有切片。

4. 隐藏和显示切片

若想在插图窗口中隐藏切片，执行"视图"|"隐藏切片"命令即可；若想在插图窗口中显示隐藏的切片，执行"视图"|"显示切片"命令即可。

5. 锁定切片

若想锁定所有切片，执行"视图"|"锁定切片"命令即可；若想锁定单个切片，在"图层"面板中单击切片名称前的"切换锁定" 即可。

6. 设置切片选项

选中要设置的切片，执行"对象"|"切片"|"切片选项"命令，打开"切片选项"对话框，如图10-53所示。"切片选项"对话框中的参数决定了切片内容如何在生成的网页中显示并发挥作用。

图 10-53

"切片选项"对话框中部分选项的作用如下。

● **切片类型：** 用于设置切片输出的类型，即切片数据在Web中的显示方式。

● **URL：** 仅限用于图像切片，该参数设置了切片链接的Web地址。

● **信息：** 用于设置出现在浏览器中的信息。

● **替代文本：** 用于设置出现在浏览器中的该切片（非图像切片）位置上的字符。

10.3.3 导出切片图像

切片创建完成后，执行"文件"|"导出"|"存储为Web所用格式（旧版）"命令，或按Alt+Shift+Ctrl+S组合键，打开"存储为Web所用格式"对话框，如图10-54所示。选择右下角的"所有切片"选项，将切割后的网页单个保存，效果如图10-55所示。

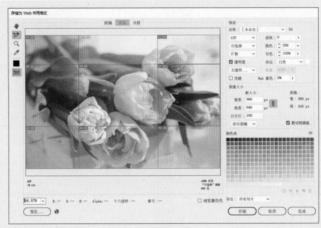

图 10-54

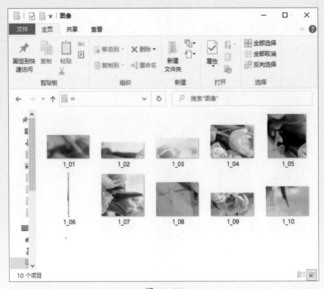

图 10-55

10.4 创建Adobe PDF文件

便携文档格式（PDF）保留了由各种应用程序和平台创建的源文件的字体、图像以及版面。Illustrator软件可以创建多页PDF、包含图层的PDF和PDF/x兼容的文件等不同类型的PDF文件。

执行"文件"|"存储为"命令，选择"Adobe PDF（*.PDF）"格式，如图10-56所示。单击"保存"按钮，打开"存储Adobe PDF"对话框，如图10-57所示。设置参数后，单击"存储PDF"按钮即可创建PDF文件。

图 10-56

图 10-57

"存储Adobe PDF"对话框中部分选项的作用如下。

● **压缩：** 用于压缩位图、文本和线稿图，减小PDF文件，且基本不损失细节或精度。

● **安全性：** 用于为PDF文件的打开与编辑添加密码。

自己练／服装吊牌

案例路径 云盘\实例文件\第10章\自己练\服装吊牌设计

项目背景 随着时代的发展，越来越多的人开始追求时尚，而服装就是追求潮流的必需品，服装上面的吊牌也必定随着潮流的发展越来越有设计感。悦色服装有限公司现委托某公司为其设计一款女性服装的吊牌。

项目要求 ①整体设计要简洁、大方，颜色搭配要符合女性特点。

②整体的设计感要突出、新颖，可以瞬间吸引消费者眼球。

③吊牌尺寸为43mm×110mm。

项目分析 悦色女装是一款女性服装吊牌，所以在吊牌的正面选用一个漂亮的女性插画风格的图片；背面是吊牌的相关信息，可以让消费者了解服装的详细信息；颜色上选择粉色，体现女性柔美的特点，如图10-58所示。

图 10-58

课时安排 1课时。

参 考 文 献

[1] 姜洪侠，张楠楠．Photoshop CC 图形图像处理标准教程 [M]．北京：人民邮电出版社，2016.

[2] 周建国．Photoshop CS6 图形图像处理标准教程 [M]．北京：人民邮电出版社，2016.

[3] 孔翠，杨东宇，朱兆曦．平面设计制作标准教程 Photoshop CC+Illustrator CC [M]．北京：人民邮电出版社，2016.

[4] 沿铭洋，聂清彬．Illustrator CC 平面设计标准教程 [M]．北京：人民邮电出版社，2016.

[5] Adobe公司．Adobe InDesign CC 经典教程 [M]．北京：人民邮电出版社，2014.